MeadJohnson® 美贊臣®
Nutrition

A+ 智睿®

No.1

醫護推薦支持
免疫力及
腦部發展^

HMO
母乳低聚糖²
2'FL
0.03mg/100ml

MeadJohnson 美贊臣

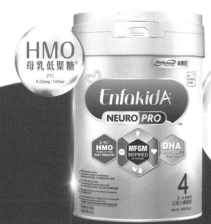

EnfakidA
NEURO PRO™

2'-FL
HMO
PREBIOTIC FOR
GUT HEALTH

MFGM
INSPIRED
BY NATURE

DHA

4
3 - 6 years
三至六歲適用

MFGM
母乳黃金膜¹
含100+
母乳活性蛋白*

^根據Cimigo香港配方奶粉調查報告2022，訪問84名香港私家婦產科及兒科醫護人員。No.1指No.1最多，配方奶粉指包括美贊臣A+智睿系列®及其他美贊臣配方奶粉系列。 1 母乳黃金膜¹是乳脂球膜 (亦稱MFGM) 的代稱，源自配方中的牛奶成份。 2 每100克配方奶粉含 0.15 克的 2' fucosyllactose (2'FL)，屬於 HMO 的一種，非源自母乳。   *Hettinga K, Van Valenberg H, De Vries S, et al., 2011
重要聲明：世界衛生組織建議寶寶出生最初六個月全吃母乳。約到六個月大，便須逐漸添加固體食物，以滿足寶寶營養的需要，並繼續餵哺母乳至兩歲或以上。母乳是嬰兒的最佳食物。在決定以嬰幼兒配方奶粉補充或替代母乳餵哺前，應徵詢醫護專業人員的意見，並務須小心依照所有沖調指示。資料來源：衛生署網頁。適量飲用幼兒助長奶粉/兒童成長奶粉可作為均衡飲食的一部份。

Part 3 飲食疑難

鳴謝以下專家為本書提供資料

周栢明 / 兒科專科醫生
何成輝 / 兒科專科醫生
陳振榮 / 兒科專科醫生
張傑 / 兒科專科醫生
梁永堃 / 兒科專科醫生
陳欣永 / 兒科專科醫生
柯華強 / 兒科專科醫生
趙長成 / 兒科專科醫生
李志謙 / 兒科專科醫生
容立偉 / 兒科專科醫生
陳德仁 / 兒專科醫生
何慕清 / 兒科專科醫生
陳偉明 / 兒科專科醫生
溫希蓮 / 兒科專科醫生
梁寶儿 / 兒科專科醫生
洪之韻 / 兒科專科醫生
劉成志 / 兒科專科醫生
伍永強 / 兒科專科醫生
趙永 / 兒科專科醫生
歐陽卓倫 / 兒科專科醫生

林嘉雯 / 皮膚科專科醫生
陳勇 / 皮膚科專科醫生
盧景勳 / 皮膚科專科醫生
劉凱珊 / 眼科專科醫生
湯文傑 / 眼科專科醫生
何學工 / 兒童免疫及傳染病科
專科醫生
莊俊賢 / 兒童免疫及傳染病科
專科醫生
區雄安 / 兒童齒科醫生
黃漢威 / 耳鼻喉專科醫生
林惠芬 / 兒童體智及行為發展學科
專科醫生
廖敬樂 / 骨科專科醫生
莫昆洋 / 普通科醫生
林育賢 / 脊骨神經科醫生
韓錦倫 / 中大中西醫結合醫學研究
所臨床教授
連煒鈴 / 中大中西醫結合醫學研究
所專業顧問

陳俊傑 / 註冊中醫師
麥超常 / 註冊中醫師
周嘉儀 / 註冊中醫師
梁金華 / 註冊中醫師
倪詠梅 / 註冊中醫師
梁皓然 / 言語治療師
秦蓁 / 言語治療師
任君慧 / 言語治療師
鄭文琦 / 言語治療師
林詩敏 / 註冊營養師
吳耀芬 / 註冊營養師
文珮琪 / 註冊社工
楊潔瑜 / 註冊教育心理學家
吳婷婷 / 註冊物理治療師
林小慧 / 資深育兒專家
林茵怡 / 國際哺乳顧問
Joyce Li / 母乳餵哺顧問
Eva Cheung / 資深助產士及
嬰兒按摩師

101條
育嬰疑難 急救法

荷花出版

101條育嬰疑難急救法

出版人：尤金

編務總監：林澄江

設計：李孝儀

出版發行：荷花出版有限公司

電話：2811 4522

排版製作：荷花集團製作部

印刷：新世紀印刷實業有限公司

版次：2023年4月初版

定價：HK$99

國際書號：ISBN_978-988-8506-76-7

荷花出版
EUGENE GROUP

香港鰂魚涌華蘭路20號華蘭中心1902-04室
電話：2811 4522　圖文傳真：2565 0258
網址：www.eugenegroup.com.hk
電子郵件：admin@eugenegroup.com.hk

碌雞蛋有效去瘀？

　　不單只新手父母，就算有經驗的父母，對湊 B 育兒之事，都不敢說事事皆曉，因為面對今天海量的育兒資訊，層出不窮，莫衷一是，不知哪些對、哪些錯，令一眾父母頭上多了不少問號。

　　就以小朋友撞瘀為例，上一輩會說，可用「碌雞蛋」的方法去瘀，但新一代的父母會說，敷冰袋更為有效。究竟哪個對？而「碌雞蛋」這個傳統智慧究竟有沒有效？

　　上一輩說認為「碌雞蛋」有用，是利用蒸熟雞蛋的熱力，加速局部血液循環，這樣就能加快瘀血消散，驟耳聽起來，「碌雞蛋」似乎有效，不過，醫生卻指出，「碌雞蛋」的確有作用，但並不適用於撞傷初期。因為微絲血管仍在流血，使用熱敷反而會令血管擴張，不但無助止血，甚至令瘀傷擴大，出血情況更嚴重。

　　因此，小朋友撞瘀初期，應使用冷敷法，因為微絲血管仍在流血，冷敷能使血管收縮，有助減輕痛楚、止血及消腫。醫生建議待兩三天後，微絲血管完全止血，便可使用熱敷法，令血管擴張，血液運行更暢順，有助積血消散，這時用「碌雞蛋」方法就可以了，或者在撞傷位置敷上熱毛巾，都是常用的熱敷方法。

　　上一輩人用「碌雞蛋」方法散瘀，其實也有其「智慧」，因雞蛋凝固後的蛋白，可儲存熱量，令熱力慢慢釋放，保暖時候較長。而且，雞蛋表面平滑，推按時感到會較為舒服，所以也不失為一種熱敷法。只是時間不對，不應在撞傷初期使用，而待傷勢穩定的幾天後才使用就適合了。

　　類似的疑問多不勝數，例如遲出牙聰明些？凍親肚臍會肚痛？多捏鼻會變高挺等。很多說法似是而非，令父母摸不着頭腦，因此，我們出版這本書，希望能解答父母對育兒各種疑問。本書分為三章，共有 101 條育兒疑問，分別為照顧疑難、健康疑難、飲食疑難。每篇文章都由不同專家解答，深入淺出，一定能令父母掃走心中疑團。

　　如果你對育兒滿腹疑團，又或一知半解，而你又想釐清來龍去脈，這本書你就一定要帶回家了！

目 錄

Part 1 照顧疑難

Part 2 健康疑難

Similac

雅培心美力

HMO益生元
全港含量No.1+

改寫免疫力標準#

升級版
5HMO*

Similac 4
雅培心美力

UPGRADED
FORMULA

5
HMO+
Human Milk Oligosaccharides

Non-GMO
非基因改造

No Added Sucrose
不添加蔗糖

No Palm Olein
不含棕櫚油

Unique formula helps strengthen immunity
獨特配方有助強化免疫力

NET淨重

Abbott
雅培

Part 1

照顧寶寶從來不是容易的事，家長若稍有不慎，
即可出現連番意外，所以不能輕視。
本章現有 30 多篇文章，從不同角度拆解照顧寶寶的難題，
相信家長仔細閱讀後必有所獲。

1 遲出牙
聰明啲？

專家顧問：林小慧 / 資深育兒專家

　　有些老一輩的人或會認為寶寶遲出牙，就會比別的寶寶聰明。究竟事實是否這樣呢？以下就由專家解開父母的謎團。

無科學根據

　　寶寶一般 4 至 6 個月大，其牙肉會出現紅腫，這是他們開始出牙的先兆。而待寶寶 12 個月大左右，他們最少已經長出 2 隻下門牙，這是符合了寶寶這個年齡的生長線要求。而有傳若寶寶牙齒長得慢的話，就會比別的寶寶聰明，資深育兒專家林小慧認為此說法毫無科學根據，並沒有可信性。她表示，寶寶出牙的時間有遲有早，因人而異，其影響因素也有很多，包括寶寶對鈣的吸收、體內的的鈣含量是否足夠等。有些較為極端的例子，當寶寶仍處於胎兒時期，媽媽的鈣質吸收得非常足夠，因而導致胎兒在這時期已吸收了足夠的鈣質，使他們出世後，其牙肉已經有 2 條幼白的牙齦，像是冒出了少許牙

齒來。另外，如果寶寶因着身體有發育問題或患病而導致牙齒長得較其他寶寶慢，寶寶除了未必「聰明些」外，更有可能影響其成長發育。

咀嚼能力高

雖然寶寶的出牙時間因人而異，但如果他們牙齒長得比較快，都能夠為寶寶帶來一點好處，如他們的咀嚼能力較好，要咀嚼一些較大體積及較硬的食物時，就能咬得更好、更仔細。不過，對他們 6 歲後換恆齒時，不會造成太大影響。但在寶寶換恆齒的過程中，父母需要注意若寶寶在長出恆齒前，乳齒長得過份整齊也不是一件好事。因為恆齒體積較大，尤其是門牙，當它們長出來的時候，有可能把旁邊的牙齒擠得東倒西歪，如是者，建議尋求牙醫的專業意見。

其實，寶寶在乳齒時期，牙縫較疏，反而可能有助恆齒長出來。但無論寶寶出牙時，是屬於以上那種情況也好，父母亦可定期帶寶寶做牙科檢查，並在寶寶刷牙時，觀察其出牙情況。若留意到因其他牙齒的阻擋而導致某些牙齒歪倒，或出現其他狀況，應及早找專業牙醫幫忙，以減少將來要矯正牙齒的麻煩。

注意口腔護理

此外，可能有些父母會認為乳齒遲早都會換成恆齒，因此，未必那麼需要注重護理，就算有一點蛀牙也沒有關係。但林卻不贊同這個觀念，因為在寶寶蛀牙的過程中，都會衍生其他問題，如牙痛。而蛀牙的起因，除了進食過多糖份之外，也與口腔衛生問題有關。

若寶寶在年幼時，不懂得清潔乾淨牙齒，學會照顧自己，待長大後可能也沒有良好的口腔護理習慣，亦不能好好保護恆齒，有機會導致蛀牙。

清潔口腔 3 部曲

林表示，寶寶宜在初生時期開始清潔口腔，以下為 3 部曲：

❶ 從寶寶出生開始，父母應該每晚定時用紗布及開水抹其口腔，先將紗布包裹食指，再用開水沾濕紗布，並將其伸入寶寶口腔內，貼着牙肉從上頜至下頜繞一個圈，擦拭其舌頭和口腔黏膜。

❷ 當寶寶牙齒漸漸長出，父母可以嘗試用較柔軟的嬰兒牙刷及開水替其早晚刷牙，讓他們慢慢體驗刷牙的樂趣。

❸ 寶寶 2 歲後，父母可以讓他們學習自己刷牙。若寶寶能夠吐水的話，便可以讓他們開始使用兒童適用的牙膏。

BB 常伸脷
是否正常？

專家顧問：周栢明 / 兒科專科醫生

　　「寶寶又把舌頭伸出來了！」很多家長都有這個疑問，為甚麼小寶寶經常把舌頭伸出來呢？最令家長擔心的是孩子是否患病，是否需要求診？兒科專科醫生周栢明表示，這是大部份孩子都出現的情況，是自然的反射，絕對沒有問題，家長不用過於擔心。

自然反射

　　寶寶整天伸出舌頭，令很多家長產生疑問，為甚麼他們會這樣？周栢明醫生解釋這是正常的表現，在寶寶出生最初的 6 個月，他們時常會把舌頭伸出來，這是自然反射，是他們飲奶反射。每當有東西接近寶寶的嘴巴，他們的

嘴部便會郁動。當他們 4 至 6 個月大時，這種反射動作便會逐步減少。

雖然大部份人逐漸長大，會減少出現這個反射，但部份人即使長大了，由於習慣了這個行為，到他們長大依然繼續間中把舌頭伸出來。

唐氏綜合症

除了因為自然反射而令寶寶經常把舌頭伸出來外，亦有其他原因令他們把舌頭伸出來。周醫生表示，有些寶寶的舌頭下有腫塊，而他們的嘴巴比較細，他們的肌肉張力弱了，便會時常把舌頭伸出來。

而導致寶寶出現舌頭有腫塊的原因，可能是寶寶患上唐氏綜合症，但是單憑巨舌不可以判斷寶寶患上唐氏綜合症，必須經過檢查診斷，才能夠清楚知道寶寶是否患病。

巨舌症

導致寶寶經常把舌頭伸出來的原因，還有他們患有巨舌症。導致寶寶患有巨舌症的原因與遺傳有關，例如成長過程荷爾蒙太多，或是先天甲狀腺不足，都有機會引致巨舌症。另外，如寶寶患有黏多醣症，澱粉樣蛋白積聚，積聚在舌頭下，亦會導致巨舌症。

舌下有水囊

有部份寶寶是因為舌頭下長出水囊，令他們整天把舌頭伸出來。周醫生表示，小寶寶出現這樣的情況，醫生會進行觀察，檢查寶寶舌頭下的水囊是否已經消退，倘若尚未消退，有可能要把水囊切除。

下顎偏細

另一些原因是寶寶下顎偏細，他們的肌肉張力弱，舌頭便時常伸出來，但這是非常罕見的病，有些患者問題會自然改善。其實家長不必過於擔心，大部份寶寶把舌頭伸出來都是正常反應，與疾病無關，如果患病的話，最重要盡快求診，對症下藥，便能夠及早把問題解決。

尋求言語治療

有些寶寶習慣用口呼吸，導致他們的舌頭整天伸出來。長此下去，他們需要尋求言語治療師治療，幫助他們進行適當的訓練，持之以恆，問題最終可以解決。

3 戴手套
阻智力發展？

專家顧問：何成輝 / 兒科專科醫生

　　寶寶的手指短小可愛，媽媽為保護這雙小手，不時會讓寶寶戴上手套。不過，有些媽媽卻認為手套不但沒有保護作用，還有可能會影響寶寶的智力發展，所以應該避免這個習慣。究竟哪種做法才是正確呢？

防止抓傷面部

根據兒科專科醫生何成輝指出，因為替寶寶剪指甲比較困難，所以戴手套能有效防止他們被指甲抓傷面部，尤其是一些患有奶癬、濕疹或皮膚敏感的寶寶，能夠避免搔癢引致的損傷。此外，有些媽媽亦會在寒冷天氣時讓寶寶戴上手套，為小手保暖。

影響學習能力

不過，如果長時間戴上手套，有機會阻礙學習。因為寶寶出生後的首數個月，屬於觸覺發展的最重要時刻，他們需要運用手指觸摸及抓東西，才能發展觸覺感官及學習能力。因此，戴手套會阻礙手指活動，的確有可能對寶寶的智能發展造成影響，還會大大減低親子接觸的機會。

造成手指壞死

除上述的問題，還有不少報道指出，有些媽媽因為把手套綁得太緊，以致血液未能流向手指，導致手指缺血而壞死，更要把部份手指切除。雖然這些情況非常罕見，但媽媽亦要留心。

此外，如果手套未能時刻保持清潔、質料侷促或被汗水沾濕，有可能導致皮膚敏感、濕疹或甲溝炎，即手指甲的縫隙出現發炎的情況，這些問題都會嚴重影響手部的健康。

戴手套注意事項

雖然至今仍然沒有正式的研究證實，寶寶戴手套會造成嚴重的影響，但為免造成不必要的傷害，這個習慣要適可宜止。如果寶寶真的有戴手套需要，媽媽應注意以下各點：

❶ 戴手套不應持續過長的時間。

❷ 為免阻礙活動，應盡量在睡覺時佩戴，尤其是患有嚴重濕疹的寶寶，能夠避免他們在睡夢中抓傷自己。

❸ 應選擇棉質及通爽的手套，避免造成皮膚問題。

❹ 定期清洗手套，弄髒後要立即替換。

4 撞親

碌雞蛋可散瘀？

專家顧問：陳振榮 / 兒科專科醫生

　　小寶寶蹣跚學步，在跌跌碰碰中逐漸成長。一輪碰撞過後，不難發現寶寶的皮膚上浮現呈紫藍色、大小不一的瘀痕。據聞在瘀傷位置敷熱雞蛋，能有助去瘀，這是真的嗎？另外，瘀傷應如何處理？

相信大家都曾經試過不小心撞到硬物，雖然皮膚表面沒有出現明顯外傷及流血情況，卻出現或大或小的瘀痕，觸摸時感陣陣痛楚。兒科顧問醫生陳振榮解釋，這是由於受撞擊後，皮膚下的微絲血管爆裂，此時，血液會滲到皮膚底層，形成積血瘀傷。初時，瘀痕會呈現紫藍色，隨着底層傷口逐漸康復，瘀痕漸漸褪色，由紫藍色漸變成黃棕色，約一星期後便會完全消退，爸媽不用太擔心。

初期別用

民間流傳「熱雞蛋散瘀法」，相傳只要用熱雞蛋「碌一碌」瘀傷部位，便能有效散瘀。陳醫生認為，在處理瘀傷的過程中，熱雞蛋的確有其作用，但並不適用於撞傷初期。因為微絲血管仍在流血，使用熱敷會令血管擴張，不但無助止血，甚至令瘀傷擴大，出血情況更嚴重。

應先冷敷

處理瘀傷時，應先採用「冷敷法」，因為微絲血管仍在流血，冷敷能使血管收縮，有助減輕痛楚、止血及消腫。建議將冰袋敷於傷口上，維持 2、3 分鐘即可。注意不要敷太久，也不要直接用冰敷在傷口，否則可能會冷傷皮膚。待兩、三天後，微絲血管完全止血，便可採用「熱敷法」，使血管擴張，血液運行更暢順，有助積血消散。以熱雞蛋慢慢按摩受傷位置，或者在撞傷位置敷上熱毛巾，都是常用的熱敷方式。

多加休息

陳醫生亦提醒，撞傷部位應多休息，不要亂動；而外塗去瘀藥膏，也有一定幫助。一般而言，普通撞傷可在家自行處理，但若擔心撞傷後出現骨折，又或是爸媽發現寶寶身體經常無故出現瘀傷，可能源於其他疾病，可帶寶寶求醫作進一步檢查。

不建議吃

有指，用於治療用途的雞蛋吸收了傷口的「邪氣」，不宜進食。陳醫生稱，照道理來説，只要雞蛋完全熟透，其實照食可也。唯一擔心的是衛生問題，因雞蛋曾接觸皮膚，有可能黏到皮膚上的污物，故不建議食用。

5 凍親肚臍
會肚痛？

專家顧問：陳振榮 / 兒科專科醫生

　　每個人的肚子中央，都有個神秘的小洞——肚臍，它似乎沒有特別用處，故經常被人忽視。有傳聞指，若寶寶的肚臍着了涼，可能引致肚子痛，此說法孰真孰假？當寶寶肚子痛時，又應該如何處理？

兒科專科醫生陳振榮表示，此說法並無科學根據。其實肚臍是當寶寶仍在母體內、臍帶的位置。臍帶連接着胎兒及胎盤，以輸送氧氣及營養物質。臍帶一般會在寶寶出生後 5 至 10 天變乾然後脫落，最後形成肚臍。

注意護理

一般而言，肚臍並沒有太大用處。儘管如此，我們仍不可忽視寶寶的肚臍護理。因為這個微凹的位置很容易藏污納垢，如沒有好好護理，有可能滋生細菌。如寶寶有挖弄肚臍的習慣，更有可能弄傷肚臍的皮膚，受細菌感染而造成發炎，故平日應避免弄肚臍為佳。如果肚臍有痕癢或其他不適，應求醫檢查。

或因肚風

有說法指，常挖弄肚臍也會引致肚子痛。陳醫生表示，兩者並無直接關係，儘管挖肚臍時有機會弄傷周圍的皮膚，造成痛楚或發炎，但跟肚痛是兩回事。然而，令寶寶肚子痛的原因有很多，對少於 3 個月的寶寶來說，最常見的是「搞肚風」，一些空氣積聚在肚子裏，引起不適，此情況通常在 3 個月大以後便會大大地減少。

持續哭喊

寶寶年紀尚小，不懂得用言語表達身體不適，爸媽可以如何辨識其肚子痛和發脾氣？陳醫生列舉了一些跡象，例如：寶寶哭得面紅耳赤，且持續哭喊數小時，便很有可能是因為肚子痛而感到不適。他建議爸媽可先帶寶寶看醫生，查明原因，方可得到適切治療。

避用藥油

如果寶寶只是單純的肚痛，沒有伴隨肚瀉、嘔吐等徵狀，爸媽可嘗試溫柔地替寶寶按摩肚子，或者以暖水袋、熱毛巾等暖敷肚子，便能有效地紓緩不適。

不少人在肚痛時會塗抹藥油，陳醫生對此做法有保留，因為藥油中所含藥物成份未明，當中或含有易致寶寶皮膚過敏的成份，如家中寶寶患有「蠶豆症」（亦稱 G6PD 缺乏症），使用成份不明的藥物尤其危險，故他不建議爸媽替寶寶塗藥油。如有任何疑問，應向醫生查詢。

6 生仔似媽
生女似爸？

專家顧問：張傑 / 兒科專科醫生

　　爸媽經常為子女的智商、性格和相貌長得像誰的問題而爭論不休。而坊間有一個說法認為，兒子多數長得像媽媽，而女兒則多數長得像爸爸，究竟是不是有跡可尋？子女長得像誰，與甚麼因素有關？

男孩較像母親

兒科專科醫生張傑指出，子女較像父母哪一方，與其染色體有關。以男孩而言，他們的第二十三對染色體當中是 X 和 Y，Y 染色體是比較短，所以人體的一些特性只會在 X 染色體出現時才會呈現，而 X 染色體只會由母親方面提供，母親的特性也直接遺傳給男孩。而女孩的第二十三對染色體存有兩條 X，故母親和父親的特性會同時存在。若父親或母親的某一些特性比較強（顯性較強），便會較容易凸顯。當然，這只是原則上的分析，因為每條染色體中間亦有很多複雜的基因密碼信息。說法是否正確，並不是現今科學能解釋的，只能說這是個籠統的說法。

智商自母遺傳

智力有一定的遺傳性，但同時受到環境、教育等外界因素影響。就遺傳學而言，不論男孩女孩，智商受母親的影響較大，原因也是與染色體有關，因為人類與智力有關的基因，主要都集中在 X 染色體上，如果母親聰明，子女大部份也聰明，所以母親的智力在遺傳學上佔重要因素。雖然母親的基因與子女的智力的確存在一定的關係，但 X 染色體必須完整傳承使命，方合乎這個說法，尤其對於只有一條 X 染色體的男性來說，則更為關鍵。

後天影響性格

性格的形成有先天和遺傳的成份，亦與孩子的成長環境和照顧者有莫大的關係，譬如照顧者有暴躁、完美主義的特質，孩子在童年時也會表現出類似的行為；若果照顧者懂得反觀自身，便容易改善孩子的弱點。因此，雖然性格和基因有關，但是可以經過後天自身的努力去改變，後天環境對小朋友養成良好性格影響甚大。

相貌確有遺傳

有關相貌的遺傳，必須具體的分析，如皮膚的遺傳，若一方皮膚較黑一方皮膚較白，生下來的小孩很大機會是中性膚色，亦有可能會偏向一方；若雙方皮膚都是較黑，生下來的孩子較難有機會皮膚白嫩。至於眼睛的遺傳，若有一方是大眼睛，遺傳大眼睛的機率會相對高。雖然說長相多少也會遺傳父母，但也有父母雙方相貌端正，而孩子卻長得一般，這在現實生活中也是經常可見的。

多捏鼻子
會變高挺？

專家顧問：黃漢威 / 耳鼻喉科專科醫生

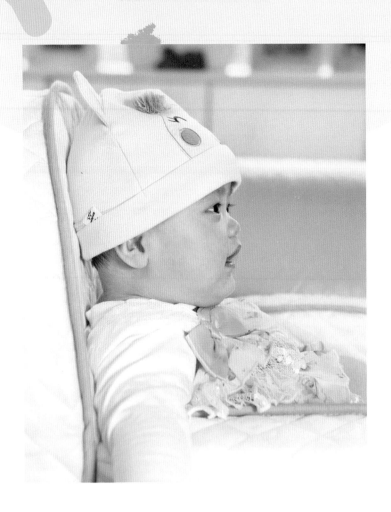

常見外國的美女鼻子高高，樣子標致，惹人艷羨。小寶寶的鼻子又塌又扁，傳聞只要多捏鼻子，假以時日，鼻子便會變高挺，這是真的嗎？

耳鼻喉科專科醫生黃漢威表示，鼻樑的高低主要視乎遺傳基因，故鼻子長得是否高挺，通常都是天生，不會因為後天捏得多而變得高挺。

硬骨定高矮

簡單而言，我們的鼻子由鼻骨和軟骨組成，鼻骨部份為硬骨，位處整個鼻子的頂端；軟骨則位其下方，包括上鼻側軟骨和下鼻側軟骨，有彈性，可以用手左右挪動。黃醫生指出，鼻子長得高或矮，硬骨的生長角度為決定性因素。

常見外國人的鼻子長得高挺，是因為他們鼻骨的生長傾幅較大。相反，亞洲人的鼻子比較扁塌，則因其鼻骨向前傾幅較小。因此，遺傳基因、種族等內在因素影響了鼻骨的生長幅度，從而造成人們鼻子的高低之別。然而，鼻樑的高低並不影響呼吸能力的強弱。

免劇烈碰撞

雖然鼻子的軟骨沒有特別用處，但它有一特點，就是富有彈性，可以變形，亦會回復原狀，以保持鼻子的形態；硬骨則主要用作支撐，不會變形，除非遭受猛烈碰撞等創傷。但要令鼻子長得更美，唯一方法只有在成年後進行整形手術。

易傷鼻黏膜

有說法指，常刺激鼻子會引發中耳炎，到底是怎麼一回事？黃醫生解釋，中耳炎主因是長期鼻塞或傷風感冒等引發，通常是因為有細菌進入中耳，與常捏鼻子無關。相反，如寶寶經常用手捽鼻或撩鼻，會令鼻黏膜變薄，導致容易流鼻血。

捏鼻無助於鼻子增高，要是太用力搓鼻，或會引致無法復原的創傷。有些小朋友經常用力搓鼻子，可能捽裂鼻子的軟骨。將來發育，有機會出現鼻中隔彎曲的情況，令鼻兩邊不平均。其中一邊可能會出現長期鼻塞的情況，這種情況是內在的，不會有疼痛感，也未必會影響外觀，因而有機會捽裂也不知道。黃醫生指，這種情況尚算普遍，如果成年後，鼻子因歪了一邊而影響呼吸，軟骨是無法自行復原的，只可以待其發育完全後，用手術方法矯正。

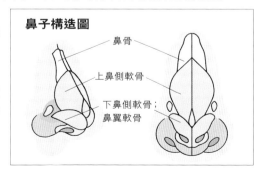

鼻子構造圖
鼻骨
上鼻側軟骨
下鼻側軟骨；
鼻翼軟骨

常捏臉蛋
易流口水？

專家顧問：黃漢威 / 耳鼻喉科專科醫生

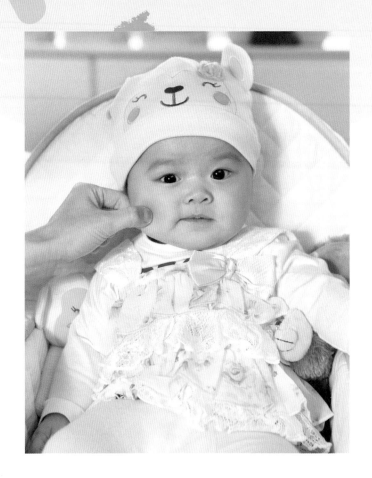

　　小寶寶的臉蛋肥嘟嘟的，可愛非常，教人情不自禁地想要逗玩一番。但有傳聞指，絕對不可以捏他們的臉蛋，否則會傷害其腮腺組織，令其不自控地流口水。這說法是否屬實？

切忌過份用力

黃漢威醫生表示，腮腺處於兩邊耳珠的下方、腮骨附近的位置，主要功能為分泌唾液，有助消化。在臨床經驗中，他未曾見過有寶寶因被捏臉蛋而令腮腺受傷，但他不排除有這個可能性。寶寶的皮膚幼嫩薄弱，假如大人過度用力地捏他們的臉蛋，除了會弄傷他們之外，亦令他們感到痛楚、造成瘀痕，甚或弄傷內裏組織，例如腮腺、臉部神經線等，後果可以非常嚴重。

傷及臉部神經

臉部有一條重要的臉部神經線，它是 12 對腦部神經中的第 7 對，負責控制大部份的臉部肌肉，而這些肌肉主要負責控制臉部各種表情及動作。如果大人對寶寶大力地捏面，恐會傷及這條神經，除了令他們感到痛楚，嚴重者更會令其臉部肌肉麻痺，出現左右高低不對稱、五官歪斜等情況，影響寶寶的容貌。黃醫生續指，如大人對寶寶捏面的力度大得傷及其內部組織，應該有虐兒成份，他相信爸媽們都不會這麼殘忍。他亦強調，輕柔地撫摸寶寶的臉頰是絕對沒有問題，大家可以放心。

鼻塞張口呼吸

一般而言，寶寶的口水分泌不會過多，常見他們流口水的原因，是因為他們睡覺時張大了嘴巴。這個情況不單止發生於小朋友，大人也會有這樣的情況。睡覺時張大口，主因鼻塞影響了呼吸。因此，如要解決寶寶睡覺時流口水的問題，應先處理鼻塞問題。

天生識吞口水

吞嚥口水是人類與生俱來的能力，然而，有些寶寶因為先天性缺陷，令其吞嚥口水出現困難。這些個案一般在甫出生時便會診斷出來，他們不但會失控地長流口水，就連飲奶都會有困難。另外，如寶寶經常流口水，其嘴角附近的皮膚或會因為長期被沾濕而變得紅腫，甚至誘發濕疹。當寶寶流口水時，爸媽應盡量第一時間替其抹去。

9 BB 流口水
停唔到點算？

專家顧問：梁永堃 / 兒科專科醫生

　　寶寶口水總是「飛流直下三千呎」，越流越擦，越擦越流，新手爸媽可能會因此手忙腳亂。不過，流口水是寶寶成長過程中的必經階段，也是爸媽需要耐着性子學習處理的生活細節。

出牙增加口水量

　　梁永堃醫生指，在嬰幼兒時期，流口水是一個相當普遍的現象。寶寶約 6 個月大會開始出牙，牙床會變得敏感並可能紅腫，增加口水的分泌。很多時候寶寶會通過咬東西來紓緩出牙造成的不適，亦會令流口水的情況更明顯。要掌握吞口水及停止口水滿溢，是需要依靠寶寶口腔的感覺發展，配合嘴巴、舌頭等肌肉運動的能力才能達到。隨着寶寶口腔感知及口部肌肉的發展，流口水的情況會逐步改善。

口水量也有差異

　　於不同情況寶寶在口水控制方面的能力會有所差異。有荷蘭研究發現，寶寶一般會較早學會在進食時不流口水，大約 50% 的孩子能在兩歲時進食而不會流口水，接着是在玩耍及活動的時候學會控制。而在吸食奶嘴或手指時流口水則會持續較久，在 4 歲的孩子當中，仍然有 15% 會在這種情況下流口水。這個學習過程的快慢因人而異，女寶寶可能會比男寶寶稍早能控制。一般而言，在 4 歲前未能完全控制流口水也是頗常見的生理現像。但如 4 歲以上還持續，便應該考慮尋求專業人士，如言語治療師或醫生的意見。

病理性的流口水

　　流口水也有可能是由一些病理性原因造成，例如缺乏肌張力、口肌控制比較弱的寶寶在吞咽方面可能會出現問題，曾經遭受過腦創傷，或患有大腦麻痺的小朋友，他們在身體及頭頸及吞嚥的肌肉控制上可能會有困難，造成吞咽問題。若未能好好吞咽口水，不單會出現較嚴重及持續流口水的情況，若口水往口腔後邊流，誤入氣管當中，便會造成吸入性肺炎，這是非常嚴重的情況。還有一些口腔敏感性較低（Oral hyposensitivity）的寶寶，他們的觸覺較弱，因此無法好好感知口腔裏的東西並吞下，造成他們會比一般小朋友流更多的口水。而在日常生活中，寶寶若不小心長了鵝口瘡，或者疱疹性咽嗝炎等，都會因為吞嚥不舒服而導致流口水增加。

一般應對方法

　　若放任不管，唾液會刺激寶寶嘴唇周圍的皮膚，從而引起口水疹。口水疹是外來刺激性皮炎，雖然和濕疹類似，但濕疹是一種過敏性皮炎，兩者成因不同。因此在日常生活中，爸媽要注意：
1. 常備清潔的紗巾為寶寶拭擦口水，保持寶寶口唇附近乾爽。
2. 在寶寶嘴唇周圍塗上溫和的潤膚霜，保持皮膚的滋潤。
3. 如寶寶睡覺時流口水，使用的寢具要勤換，如枕頭套、被子等。
4. 可以給小朋友使用飲管，給予他們簡單的吸吮、吞咽訓練。

嚴重需求醫

　　對於患有大腦麻痺或其他疾病而流口水的小朋友，應當詢問醫生的意見。醫生可以處方減少口水分泌的藥物或「止口水貼」（Scopolamine transdermal patch），以減緩口水分泌情況。還可以考慮於口水腺中注射肉毒桿菌 (botox)，可以有效減少口水分泌數月，但在效果減退之後要重複注射。也可以透過專業治療師幫助寶寶的坐姿及頭部的控制來改善流口水的情況。

10 玩得太開心
夜晚發噩夢？

專家顧問：陳欣永 / 兒科專科醫生

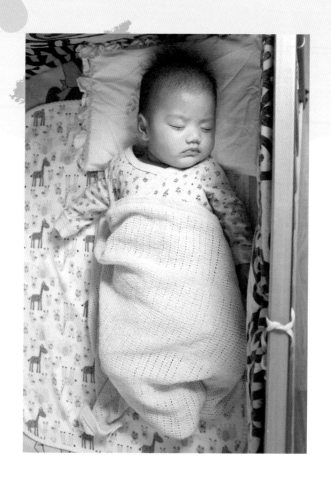

　　寶寶半夜突然驚醒大哭，爸媽恨不得鑽進寶寶的夢裏，驅走那擾人的夢魘。不少有育兒經驗的老人家和爸媽認為，寶寶日間玩得越興奮，晚上做噩夢的機會越高。是否真有其事？

初生嬰已可「發夢」

還不懂説話的寶寶，會做夢嗎？兒科專科醫生陳欣永解釋道，睡眠分不同狀態。寶寶從初生階段開始，已有一半的睡眠時間處於活躍狀態，即淺睡狀態。此時寶寶呼吸較淺和不規律，身體可能出現自然抖動，眼球也會轉動，或許出現做夢狀態；3 至 4 個月的寶寶，已開始有意識和記憶，會認人、記得日間經歷的事情，甚至將記憶帶進夢中；到 6 個月時，寶寶已對他們心中的「熟人」產生依附感，對陌生人有焦慮，這些刺激更容易導致寶寶睡覺時做噩夢。

生活規律影響睡眠

不少媽媽發現，若寶寶的生活規律突然被改變，譬如帶寶寶到新的地方、認識新的朋友，寶寶會較容易發脾氣，甚至睡眠習慣大亂。陳醫生指出，這些對寶寶來說是較大的刺激，易致睡眠不安穩，甚至做噩夢。3 至 6 個月大的寶寶已開始延長晚間睡眠時間，故規律的作息時間和生活習慣，能培養寶寶的晝夜規律，讓寶寶習慣晚上自行入睡，也睡得更安穩。

睡前情緒高亢

來到爸媽常關心的問題：應否避免讓寶寶日間玩得太興奮太累，以免做噩夢？若寶寶在睡前幾小時出現興奮的情緒，比如大笑、大叫、跑跑跳跳等，整體感官還處於較敏感狀態，激動的情緒也容易投進夢中。陳醫生建議，爸媽可適當安排動、靜態親子活動時間，若親子時間只能在晚間，應避免過多動態、或引致寶寶情緒興奮的活動。另外，性格容易焦慮的寶寶，睡眠質素也可能較差。

建立安睡環境

爸媽或許無法控制寶寶夢裏會出現甚麼事物，影響他們的睡眠，卻可以透過大環境、小環境和生活習慣 3 方面，改善寶寶的睡眠質素：

❶ **大環境**：寶寶睡眠的房間應有助他們分辨日與夜，建立睡眠規律；日間時光線應充足，到了晚上光線應調暗。另外，周圍環境不應嘈吵。至於房間溫度，應調至適中或偏涼，可有助寶寶入睡。

❷ **小環境**：留意寶寶所睡的床單、被褥、床褥，以及所穿的衣物是否乾淨柔軟，因為偏硬的質地會影響寶寶睡眠質素。寶寶的睡床亦不宜擺放雜物，以維持安全舒適的睡眠環境。

❸ **生活習慣**：讓寶寶自小培養一套安靜睡眠的習慣，譬如睡前數小時的活動節奏應放慢、較靜態；寶寶臨睡前，爸媽可以在床邊讀故事、唱歌或播放柔和的音樂，讓這些活動幫助寶寶建立應睡覺的意識。

11 BB 吮手指 阻語言發展？

專家顧問：鄭文琦 / 言語治療師

小寶寶喜歡吮手指的習慣，其實打從他們在胎兒時期已經有的了。吮手指對小寶寶來說是個自然的生理反應，當他們開始入學，大約於 4 歲便會自然消息。吮手指並不會對小寶寶的語言發展構成影響，所以，家長不用過於擔心，從而強行戒掉他們這個習慣。

一般情況下，小朋友大約在 4 歲便會戒掉吮手指的習慣，主要是受朋輩影響，避免受其他人取笑。但言語治療師鄭文琦表示，亦有些小朋友會持續地吮手指，究其原因，主要是缺乏安全感，他們長時間吮手指會影響牙齒生長，甚至令手指頭及手指皮膚因長時間浸於口水中，而出現潰爛的情況。

胎兒期已吮手指

很多人以為小寶寶在出生後才開始出現吮手指這習慣，事實上，小寶寶

「次世代乳酸菌」康普茶

TEAZEN

健腸暖胃 增免疫力

後生元比益生菌更直接吸收

更強
免疫力

更安全
穩定

更快
直達腸道

可熱飲

韓國女星
金泰梨

平均每杯 $5.3
建議零售價：$159/30條

後生元康普茶熱飲(檸檬薑味)

後生元
- 調節免疫
- 對抗病原體
- 改善腹瀉

有機康普茶粉
- 促進腸道健康
- 促進腸道蠕動
- 抗氧化

檸檬薑
- 亮顏美白
- 驅寒暖胃

銷售點

 watsons 屈臣氏   屈臣氏網店 eShop   YATA   HKTV mall |

 APITA   UNY 生活創庫   谷辰   健康網購 health.ESDlife   CLUB   pinkoi

MOMENT HEALTH
總代理查詢電話：9560 2905

仍在母體內時，已經開始吮手指，在很多孕婦檢查時所拍攝的超聲波影像中，可以看到許多胎兒在吮手指呢！

小寶寶在出生後仍會維持吮手指的習慣，從零歲開始，一直至他們 4 歲前，家長在這段時間會看到小寶寶吮手指，當小寶寶 4 歲之後開始入學，這個習慣便會戒掉。

生理反應

大家可能會問為甚麼小寶寶喜歡吮手指？鄭文琦表示，原來吸吮這個動作是小寶寶的自然生理反應，他們出生後已經懂得用嘴巴吸吮母乳；其後，他們進入口腔期人格，小寶寶會透過嘴巴來探索世界，所以，他們吮手指是一種本能反應，是正常的行為。

表達能力不受影響

家長可能會擔心小寶寶經常吮手指，對他們言語發展會否構成影響？樂苗坊高級言語治療師鄭文琦表示，吮手指基本上並不會對小寶寶的表達能力構成影響。不過，倘若小寶寶一直吮手指，及至長大後也不能戒掉這個習慣，便會影響牙齒的排列，對於他們的口腔發育也會帶來影響。小寶寶於長期吮手指的情況下，會對牙齒骨骼帶來影響，亦因此影響到他們的發音，甚至因為經常吮手指而令牙齒歪歪斜斜。

4 歲前戒掉

正常情況下，小寶寶於 4 歲前便會戒掉吮手指的習慣，原因是當小寶寶開始上學，認識許多朋友，當他們看到朋友並沒有吮手指，小寶寶會因為感到羞愧，而慢慢戒掉吮手指的習慣。所以，一般小寶寶在入學後便不再吮手指。

倘若小寶寶 4 歲後仍然吮手指，家長便需要留意了，可能小寶寶缺乏安全感，因而令他們持續地吮手指。若然父母未能給予小寶寶足夠安全感，他們便會從其他途徑尋找。

手指甲潰爛

在長期吮手指的情況下，不但影響牙齒排列及口腔發育，對於指甲健康衛生都會有影響。當指甲長期浸在口水中，會令到手指頭，甚至手指的皮膚會出現潰爛的情況。

12 / 3 歲吮手指 是壞習慣？

專家顧問：歐陽卓倫 / 兒科專科醫生

　　嬰兒時期的寶寶喜歡把手指甚至腳趾放進嘴裏，家長或覺得可愛。當寶寶日漸長大還吮手指的話，不少家長會出盡奇謀替寶寶戒掉這「壞習慣」：往手指塗苦的「手指水」、塗藥油……冷靜點，先了解寶寶吮手指的原因，以及是否真是「壞習慣」吧！

尋心理安慰

很多寶寶到 3 至 5 個月大時，開始頻頻把手指腳趾放嘴裏吮得「津津有味」。兒科專科醫生歐陽卓倫解釋，由於人的手指、腳趾上有許多連繫腦部的神經，故寶寶吮吸時，會刺激該部位的神經，產生愉快感，從而形成習慣。「吮手指」也是寶寶生長發展的特徵，3 至 5 個月的寶寶開始觀察自己的手部動作，稱為「hand regard」，與吸吮手指一樣，是了解自己身體的過程。

或致手指變形

歐陽醫生指出，寶寶頻頻「吮手指」並不能靠外力強迫戒除；到了 4、5 歲該上學的年齡，他們一般會「知醜」，不希望自己像個小寶寶，從而自然戒除吸吮手指的習慣。不過，當他們眼瞓時，也會不自覺把手指放進嘴裏。歐陽醫生指出，寶寶頻頻「吮手指」，最直接的負面影響，便是引致手指受到感染，甚至導致變形。除此情況外，家長毋須過份擔心要替寶寶戒掉這習慣，保持寶寶手指的衛生清潔即可。

「手指水」有用？

不少家長或會使用帶苦味的「手指水」塗在寶寶手指，希望藉此減少他們吸吮手指的意欲。歐陽醫生認為，塗「手指水」或其他帶有難吃味道的東西，未必能阻止寶寶吸吮手指，反而引起寶寶嘔吐、情緒煩躁。如家長真的希望寶寶戒掉這習慣，可透過玩具、親子遊戲等活動，以及多抱寶寶，與他們聊天，以分散其注意力，便忘記吸吮手指。對於嚴重者，家長可先以紗布包裹手指，再將同一塊紗布固定在該手的手腕上，寶寶便難以除掉紗布。這方法既有助減低寶寶吸吮手指意欲，也保護手指，以防皮膚感染或發炎。

長大後「咬手指」？

一些成年人有咬手指的習慣，更可能把手指皮和指甲也咬破。歐陽醫生指，某些人精神壓力過大時，會不自覺以咬手指來放鬆情緒。不過，這與寶寶吸吮手指的習慣完全是兩碼子事。歐陽醫生認為，寶寶兒時吸吮手指的頻密度、戒除此習慣的年齡，也不會影響日後是否較容易有「咬手指」的習慣。

13 薄荷膏
止肚痛？

專家顧問：柯華強 / 兒科專科醫生

　　薄荷膏，不少人視為居家必備的保健藥品，鼻塞或蚊叮蟲咬時都會塗抹。如此良藥，當寶寶肚痛，有家長會為其塗抹薄荷膏，但亦有家長指出，薄荷膏的成份會讓寶寶皮膚過敏，造成紅腫。各有說法，到底寶寶應否使用薄荷膏？

2 歲以下不適用

　　市面上有多款不同品牌的薄荷膏，成份雖然不盡相同，但其主要成份是樟腦，佔成份中 83.6%，其次是薄荷腦，佔 12.5%，兩者都是用於刺激皮膚的冷感，令皮膚黏膜血管收縮，具有鎮痛、止癢的作用。另外，3.1% 為水楊酸，

還有松節油，有促進血液循環、消炎抗菌之效。由於主要成份為樟腦，患有蠶豆症的寶寶是不適合使用薄荷膏，否則會導致溶血性貧血。那麼其他寶寶呢？若瀏覽育兒網站，會看到不少家長分享「使用薄荷膏按摩寶寶腹部，可預防肚痛」和「寶寶肚痛時，可用薄荷膏塗抹，並按摩肚臍四周」之類的意見，但有些薄荷膏包裝已列明不適合 2 歲以下的寶寶使用。

有毒性 忌食用

有不少醫學文獻及臨床案例顯示，過量使用薄荷腦，對嬰幼兒會有抑制神經及呼吸急促的不良反應。即使是 2 歲以上的寶寶，也可能會對薄荷膏的某種成份如樟腦，有過敏反應，出現紅腫。而且寶寶皮膚特別嬌嫩，家長要細心留意，第一次宜先塗小量作測試，如有過敏，立刻用水沖走薄荷膏。除了皮膚過敏，柯醫生還提醒，薄荷膏含有毒性，寶寶年紀尚小，喜歡把小手放入口中，一不留神吃下膏藥，對身體會有影響。

消炎止癢為主

實際上，薄荷膏對止肚痛並無太大幫助，只是心理安慰，其主要功效是紓緩傷風引起的鼻塞、頭痛、胸口翳悶、咳嗽和肌肉疼痛。另外，也可以防止皮膚和嘴唇爆坼、曬傷、蚊叮蟲咬、熱痱和痕癢等，於患處塗抹，清涼舒適，能使皮膚消除紅腫、減輕疼痛，迅速康復。

以生油代替

柯醫生表示，如怕薄荷膏有毒，家長在寶寶肚痛時，可用生油替代。它不單成份天然，避免皮膚過敏，最重要是可以食用，即使寶寶不小心在摸肚後放入口中，亦對身體無害。但這方法只適用於輕微小肚痛；若痛楚持續，家長應帶寶寶求診，以免延誤病情。

新聞資訊：難清楚成分

薄荷膏雖然在香港很常見，不少家長亦有使用，但原來大部份人都不清楚薄荷膏的成份。城大專業顧問就曾進行一個通鼻產品的調查，訪問了 126 名 17 歲或以下、有鼻塞、鼻敏感患者的家長。結果發現，有54% 的家長不知道薄荷膏含樟腦；有 69.8% 的家長甚至不知道樟腦具毒性。不過，有註冊藥劑師對此表示理解，因為這些薄荷膏一般沒有註冊為藥物，可不列明成份及份量，或是部份產品只有英文的成份標籤，家長較難獲得相關資訊，所以在使用時要留意。

開冷氣
易流鼻血？

專家顧問：歐陽卓倫 / 兒科專科醫生

　　踏入夏季，是經常開冷氣的季節，令鼻子猶如被「抽乾」了一樣，增加寶寶流鼻血的機會。當媽媽看到此情況必定十分緊張，但只要了解當中的原因和正確的止血方法，就已經足以應付「流血」事件。

　　兒科專科醫生歐陽卓倫表示，引致流鼻血的部位是鼻樑中間軟骨的黏膜位置，那兒是微絲血管的聚集交匯處，佈滿脆弱的血管，一旦受到外來刺激，便容易受損害而出血。

主要乾燥引起

　　一般而言，幼兒到了 2 歲左右會容易出現流鼻血。而流鼻血的原因眾多，主要有以下幾類：

❶ **天氣乾燥**：在夏季時，寶寶長時期在冷氣空間內，由於冷氣機有抽濕作用，會令鼻子乾燥不適，大力揉搓鼻子而流鼻血。這也是寶寶容易在晚間流鼻血

的原因，可能他們在無意識下刺激了鼻黏膜，所以媽媽偶爾在早上發現寶寶枕邊有乾涸的血跡。

　　而秋冬季節，天氣乾燥，需要更多的血液流經鼻腔以調節溫度和濕度，令鼻黏膜充血。而寶寶感到鼻子痕癢便會揉鼻子，使黏膜受損而出血，引致流鼻血。如寶寶患有鼻敏感，在乾燥的環境下也特別容易使鼻膜充血，甚至連帶眼膜敏感，令其感到痕癢不適而伸手抓癢，也有機會傷害鼻膜而流血。

❷ 異物入侵：年幼的寶寶對各種事物都感到好奇，他們可能把細小的物品，例如豆子、彈珠等放入鼻孔，引起鼻腔發炎，並會含膿出血。歐陽醫生指，小兒塞異物入鼻，未必會令鼻子即時出血，可以嘗試誘其打噴嚏，噴出異物。但若鼻腔已發炎，便會出現惡臭味、流膿和出血，便需帶寶寶就醫處理。

❸ 碰撞硬物：寶寶活潑好動，容易因跌倒、與其他小朋友碰撞或在玩耍時被皮球等玩具撞擊鼻子，令鼻子承受劇烈碰撞而受傷，鼻黏膜受損，繼而出血。

止血方法

　　約 90% 流鼻血的情況會在 5 分鐘內停止，除非寶寶有凝血困難的病症，例如血小板過低、高血壓或先天凝血問題，否則媽媽毋須過份擔心。

3 步即止血

❶ 把寶寶的頭顱向前傾，微微向下，讓鼻血順流出來。

❷ 用拇指和食指在鼻翼按壓，幫助血管止血。

❸ 教導寶寶用口緩緩呼吸。

✔ 止血期間，媽媽可在寶寶的額頭或鼻子附近敷上冰或冷毛巾，藉着降溫令血管收縮，使血液更易凝固和止血。

✘ 傳統止血方法是讓寶寶的頭向後仰，但這會令鼻血倒流入喉嚨，使寶寶呼吸困難，甚至令其嗆倒。

　　如寶寶流鼻血超過 10 分鐘，這就是嚴重出血，媽媽必須盡快送寶寶至急症室求醫。醫生會利用含藥物的棉花塞進寶寶鼻腔，協助止血。

出血後護理

　　鼻黏膜在止血後，血塊會結痂塞住傷口，但傷口仍然非常脆弱，稍有刺激也會脫落，並再次出血。因此，寶寶在流鼻血後的 2 至 3 天，媽媽應該多加留意，避免他們再揉搓鼻子。

　　另外，在天氣乾燥的季節，或開啟冷氣機睡覺前，媽媽可用棉花棒，輕輕塗上保濕的藥膏或凡士林，放入寶寶的鼻腔內，同時提升室內濕度，保持其鼻腔濕潤，寶寶便不會因痕癢不適而抓鼻子，刺激黏膜。

15

父母近視
子女也會有？

專家顧問：趙長成 / 兒科專科醫生

　　從醫學上來說，的確存有近視的遺傳因子。近視的成因是眼球過長，遠方景物的焦點落在視網膜的前方，而非正常人的視網膜之上，因而形成一個模糊的影像。所以，有機會因為基因遺傳，導致小朋友天生眼球過長，形成近視。若父母二人皆患近視，小朋友患近視的機率亦會提升。

幼兒患近視難察覺

事實上，近視的遺傳因素非十分顯著，3歲以下幼兒較少證實患有近視，即使有近視，亦不會嚴重到影響日常生活，因此難以察覺，反而環境因素導致近視佔一大席位，當幼兒開始上學讀書，通常才會發現患有近視。

長期用眼用腦所致

醫生解釋，因為在香港學習環境下，幼童很早便需近距離閱讀、寫字，維持長期用眼，導致眼部肌肉過度收縮，暫時無法放鬆，長遠而言，有機會拉長眼球，惡化近視。另外，有研究證明顯示，單單過度用眼並非直接影響視力，若同時配合長期思考用腦，就會加劇近視。以蘇州刺繡工人為例，即使她們長期近距離工作，但因為有規可依，並不需要過多思量，患有近視的比例頗低。因此建議小朋友學習時間不要過長，預留時間作短暫休息，讓眼睛放鬆。

平板電腦大行其道

現時平板電腦大行其道，不論大人小朋友皆手持一部，目不轉睛。趙長成醫生提醒，不要讓小朋友過早接觸平板電腦。他解釋，眼睛閱讀紙本書籍時，只會對焦一個平面；然而定睛於平板電腦時，由於顯示屏會有不同光度和層面，眼睛需不斷調節和對焦，因而加重對眼睛的負擔。此外，有些小朋友在閱讀或觀看電子產品時坐立不安，經常搖擺不定，亦會需不時快速改變對焦位置，影響他們的視力。

拿東西時不精準

如果發現小朋友執拾物品不靈敏，或者拿東西時不精準，有機會是視力問題，需要盡早求醫。眼科醫生備有特別的儀器和鏡頭，透過觀察光線折射率可以確診小朋友的視力問題，而毋須小朋友懂得認字和配合而去進行視力測試。若果確診小朋友需要佩戴眼鏡，建議選擇鏡片較大的，容易看得清楚；而且度數要準確，能有效控制度數。

眼鏡確保焦距正確

此外，亦要確保焦距正確，倘若小朋友的鼻樑難以承托起眼鏡框，經常下滑，可以加配鼻托或帶子，確保眼鏡維持在正確的位置上。最後，醫生表示小朋友生性活潑，父母要為他們選擇合適材質，以免打破鏡片，劃破皮膚。

Disney
World of English
迪士尼美語世界

成就 N**o**.1
快樂未來

Disney

閃光燈傷眼睛？

專家顧問：趙長成／兒科專科醫生

　　留下寶寶每個階段的成長印記，是每個父母的指定動作，所以寶寶甫出生，就動輒要拍照，誓要拍下他們每一個動作，並把相片珍而重之地收藏。但有時在較暗的環境下，可能要用上閃光燈，但對寶寶有害嗎？

　　誠然，作為父母，總想日拍夜拍，以捕捉寶寶不同的神態；所以當在晚上或較暗的環境下拍照，難免要用上閃光燈。其實，為寶寶拍照時，雖然強光會向着寶寶左閃右閃，但兒科專科醫生趙長成卻指出，這不會對寶寶的眼睛構成傷害，父母可以放心。

眼睛成長過程

當寶寶由剛出生到 4 至 6 個星期左右，他們的眼睛就能分辨到光暗的環

境，以及有交叉瞳孔反應。以下就是寶寶每個階段的眼睛發展過程：

6 個星期後：寶寶的眼睛已經可以追蹤到人的臉部，若父母有技巧地訓練寶寶的話，他們有機會可以在 6 個星期前已能做到。

3 個月後：寶寶可以分辨到人的臉部表情，以及臉上的不同顏色。

6 個月至 1 歲：可以初步檢查得到寶寶的眼睛是否有問題，如看東西時兩眼不同步、不全面等。

不會構成傷害

當父母每次運用閃光燈拍照時，閃光燈便會釋出白光，刺激視網膜，形成科學作用，從而令寶寶感到有強光閃爍。然而，這白光會在一秒之內便消失，並不會長期持續，所以拍照時用上閃光燈，對於寶寶長遠來說，是不會有傷害的。不過，為了寶寶健康着想，父母為子女拍照時，不宜將閃光燈放得太近，最少要有 3 呎的距離。

此外，初生寶寶的眼睛雖然未完全發育完成，但只要在安全的環境下使用閃光燈，不論是對大人與寶寶來說，影響都沒有多大分別，並且不會造成傷害，父母只要日常好好保護寶寶的眼睛便可。

拍攝注意事項

雖然已經知道使用閃光燈拍照，是不會對眼睛造成傷害。不過，父母依然要小心好好保護寶寶的一雙靈魂之窗。以下是一些拍照時要留意的要點：

◉◉ 與閃光燈最少要保持 3 呎距離

◉◉ 最好是利用反光板或反射式閃光燈

◉◉ 除了一般閃光燈外，可以選用擴散式閃光燈

◉◉ 不要直接在猛烈的陽光下拍照

◉◉ 寶寶的眼睛不能直視太陽

保護眼睛要點

- 不要持續長時間看長亮光源
- 不要集中看刺眼強光
- 不要直接看強烈光線
- 不要隨便看激光

寶寶幾大會有記憶？

專家顧問：林蕙芬 / 兒童體智及行為發展學科專科醫生

成人很多時會忘記嬰孩時期所發生的事情，或者只會有依稀的片段，究竟原因是甚麼呢？是寶寶在嬰孩時期沒有記憶力還是其他原因？他們要多大才會有長期記憶，可以記着成長時發生的事情？而寶寶的記憶又會對他們成長有甚麼影響呢？

記憶發展

林蕙芬醫生表示，寶寶的記憶由 0 至 2 歲有不同的進程：

- 到寶寶 6 個月大，他們會逐漸開始有一些短暫記憶，如有東西掉在地上，他們會懂得尋找；或父母收藏了一些玩具，他們能以記憶找到。而有研究曾指出，半歲大的寶寶，最長會有 2 至 3 星期的記憶，所以他們是不能儲

存到一些長期記憶。

- 哈佛大學在 2 年前曾做過一個大型研究，發現 1 歲的寶寶開始有以月計的記憶，能記到 3 個月內的事情，這就是所謂的長期記憶。

語言建記憶

當寶寶未有語言時，是靠觀看別人的動作、視像來記憶事物，但是人若要記錄一些具意識的長期記憶，則需要有語言才可做到。寶寶一般要到 2 歲左右，才有足夠能力將事情變成一句有意義的暗碼（句子），並藉之提取記憶。但如果寶寶還未建立好這些暗碼，他們的記憶會很片面，不能組織成有意義的東西。

多方因素影響

直到 2 至 3 歲以後，寶寶學懂運用語言，就有助他們建立記憶，但這些記憶亦不固定，它會隨寶寶的經驗，或給後來的事情所影響。另外，記憶亦需要依靠寶寶情感的聯繫，大部份極度開心或傷心的事情，寶寶都會有記憶或印象，但一般日常生活中的瑣事，寶寶就不會特別記得當中細節。總括而言，寶寶要建立長期記憶，需視乎多方面因素，包括：

- 寶寶有否語言承載記憶；
- 後天有否對記憶造成「污染」，如加插了虛構的事情；
- 對熟悉或曾經懂得的事情有否保持練習；
- 事情對寶寶的情緒帶來多大影響，如令他們感到極度開心或傷心，會影響到其記憶。

以愛為先

此外，林表示，爸媽不要以為寶寶只有 2 至 3 歲，不會記得很多事情，而用一些較粗暴的方式對待寶寶。其一是因為他們在這個年紀已有記憶；其二是，若一邊打寶寶、一邊要他們學寫字，兩者的連繫性會使其記憶加強；之後，每當寶寶學寫字，就會聯想到有人曾經打他們。

至於 0 至 2 歲的寶寶，雖然木能建立完整語言以承載記憶，但也不代表爸媽可以粗暴的方式教育他們。即使寶寶不能很確實地記得爸媽對他們做過些甚麼，但亦有很多視覺和感覺方面的記憶，當其見到爸媽時，就會感到那些經歷過的情感。故無論寶寶多大，爸媽都應給予他們愛心及正面的支持，保持穩定的依附關係，令寶寶之記憶充滿爸媽的愛，從而健康成長。

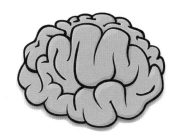

硬幣
可醫凸肚臍？

專家顧問：李志謙 / 兒科專科醫生

　　肚臍是處於肚皮中央稍下的位置，通常是凹陷的；但有些寶寶的肚臍卻是又凸又腫，令爸媽嚇一跳，認為寶寶得了甚麼疾病。坊間流傳如果以硬幣按壓寶寶的凸肚臍，可令其變回正常。這個做法到底是否可行？爸媽應怎樣處理寶寶的凸肚臍呢？

肚肌肉無力

尚在媽媽肚中時，胎兒依靠臍帶連接母體，吸收營養，從而發育、成長。當寶寶出生後，臍帶則即失去它的作用，醫生會將之剪斷，而肚臍為其脫落後的疤痕。有些寶寶肚臍下腹壁的肌肉不夠強壯，當他們腹部用力，例如哭泣時，腹內壓力大增，腸子就有可能把肚臍往外頂出來，而形成「臍疝氣」，即是俗稱的凸肚臍。除此之外，兒科專科醫生李志謙表示，還有一些少見的原因，如寶寶患有先天性疾病，也會令他們的肚臍凸起。

無礙 B 健康

如上文所言，寶寶腹部用力時，會增加腹內壓力，使腸子把肚臍頂出來。不過當爸媽輕輕按壓肚臍凸出的部份，觸感就像是一個漏氣的球，多能順利地往下推回，中途不會遭遇任何阻力。而因臍疝氣造成的小腸壞死機會其實非常小，正常對寶寶的健康並無大礙。但爸媽也要留意，如寶寶肚臍凸起來的地方硬硬的，用手推不回去，同時寶寶大哭大鬧、難以安撫，有可能是他們的腸子被卡住，這種情形就得立即求診，以免腸子壞死。

硬幣法無效

坊間流傳若以硬幣覆蓋在寶寶的凸肚臍上，再用膠布黏貼，可把凸肚臍「夷平」，變回正常。李醫生指出，其實爸媽不應以任何硬物向寶寶的肚臍施加壓力，這個方法對於改善臍疝氣是沒有幫助的。

相反，硬幣質地鋼實，而寶寶皮膚細嫩敏感，前者容易對後者造成摩擦及傷害。再加上，硬幣或有細菌，可能因此使到肚臍附近的皮膚受感染或得過敏反應，結果得不償失。

自然會消失

爸媽看到寶寶又凸又腫的肚臍，感到擔心實是正常，但因臍疝氣多數屬於良性，通常不需要動手術即可復原。大部份寶寶在 6 個月之前出現的臍疝氣，會在大概 1 至 2 歲期間自然慢慢消失。

在臨床經驗上，只有很少部份的臍疝氣需要考慮手術治療，比方寶寶患有先天性疾病，或臍疝氣的腹壁缺損大於 2 公分。所以要是寶寶有凸肚臍，爸媽不需要過份憂心。

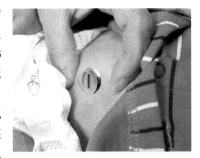

硬幣法不能改善寶寶凸肚臍的情況。

19 鼻樑現青筋 寶寶脾氣壞？

專家顧問：陳俊傑 / 註冊中醫師

　　俗語有云：「青筋掛鼻樑，無事喊三場」，亦有傳聞指鼻樑現青筋的寶寶脾氣較差，很難教。這個看似與相學有關的問題，原來可以從中醫角度分析。究竟青筋掛鼻樑的寶寶，身體有何問題？可以如何改善呢？

SMARTFISH®
智睛叻
OMEGA-3
FISH OIL FOR KIDS

挪威深海魚油

全面提升
學習力
視力
免疫力

全新包裝

SMARTFISH®
智睛叻
OMEGA-3
FISH OIL FOR KIDS
挪威深海魚油

DHA
EPA

無糖，不含人造色素，非基因改造
Made in Finland 芬蘭製造
30小包 SACHETS
芒果味軟豆酱

專利忌廉魚油
升級配方 2倍易吸收

✓ **高效奧米加3**
高含量，每包含
240mg DHA
177mg EPA

✓ **2倍吸收[1]**
乳化魚油更易被吸收
有效提升體內
DHA/EPA水平

✓ **優質魚油**
無糖、無人造色素
不含重金屬
非基因改造

1. Lopez-Huertas E. Pharmacol Res. 2010;61(3):200-7.

 watsons 屈臣氏 惠康 wellcome MARKET PLACE HKTV mall.com ♀ GO SMART

了解更多
 Go Smart-Smartfish 🔍
查詢電話：(852) 2267 2298

總代理 JACOBSON MEDICAL
Jacobson Medical (Hong Kong) Ltd
雅各臣藥業（香港）有限公司

註冊中醫師陳俊傑(傑醫師)認為,「青筋掛鼻樑」的寶寶的確較為外向,較不習慣「坐定定」。而此現象主因任、督二脈受阻,加上寶寶印堂皮薄,青筋便會特別明顯。

經脈受阻難入睡?

　　到底何謂「任督二脈」? 傑醫師解釋,人體背面有「督脈」,正面有「任脈」,任、督脈相通是一條循環線,若這條循環線受阻,就會因應受阻位置出現不同反應。同樣地,不同的行為亦會影響這個循環。當任脈的氣正常下降,可使人更易平靜和入睡;倘青筋在下降的管道中,會令下降受阻,使氣血偏外浮,令寶寶較難入睡,脾氣也會較燥動。

　　因此,傑醫師認為,鼻樑現青筋, 是果也是因。首先,因任督中間道位受阻,氣血不暢致青筋現。當宗氣不能正常下降,寶寶不想睡,氣偏外浮就會表現得更好動,脾氣亦更多變。另一方面,當寶寶「食滯」、吹風、受驚、或玩得太興奮,令血管擴張,氣血運行失常,從而影響任督二脈。因寶寶印堂皮膚較薄,青筋便會浮現在鼻樑之上。換言之,鼻樑上的青筋是由經脈狀況和自身行為互相影響下產生。

長大會消失?

　　長大後,青筋會消退嗎?鼻樑青筋並非永久性,它可能會隨着寶寶的身體狀況而忽隱忽現。例如,有些寶寶於玩耍後才現青筋,有些則加深顏色。傑醫師指,待寶寶年紀漸長,鼻樑上的青筋通常都會消失。一般而言,待寶寶7至9歲開始發育後,皮膚增厚,經脈通道變闊,即使經脈受阻也不易浮現青筋,所以鼻樑青筋常見於小朋友,在大人身上很少見。然而,即使青筋退去,也不一定代表身體情況變好。

如何改善?

　　上文提到,鼻樑青筋,是果也是因。所以,若要改善此情況,除了要解決任督二脈受阻,同時要摒棄不良習慣。任督經脈方面,傑醫師建議可讓寶寶多做運動,發洩多餘精力,對他們的身體更好;至於行為上,他建議先了解寶寶為何有失眠情況,對症下藥。他特別提醒寶寶應避免「食滯」和吃濃味食物,因進食較多味精和零食的寶寶,情緒較為燥動,容易失眠。

甜橙膏+薑精油

呵護寶寶
敏感腸胃

初生嬰兒

脾陽不足

容易脹氣

腸絞痛

便秘

消化不良

嘔奶

拉肚子

睡不安

影響生長發育

AROMA CHANNEL
HONG KONG

甜橙按摩軟膏
Sweet Orange Balm

Pure Essential oil
GINGER

甜橙膏+有機姜精油5～6滴，每天4～5次（每換尿片就按摩一次），可以完美解決小寶寶以上問題。

梓燁香港生物科技有限公司
AROMA CHANNEL BIOLOGICAL TECHNOLOGY (HK) LIMITED

📍 香港九龍旺角西洋菜南街5號好望角大廈16樓3室
Flat 3, 16 Floor, Good Hope Building, No. 5 Sai Yeung Choi Street S, Kowloon.

📞 電話: 852-37053412

EUGENE baby 荀
荀花親子門店 全線有售

EUGENE baby 荀花
荀花親子網店 .COM 有售

www.aromachannel.com

20 腦囟軟腍腍正常嗎？

專家顧問：容立偉 / 兒科專科醫生

　　寶寶頭頂的腦囟位置，不單「軟腍腍」，間中還會看到皮膚在跳動，這現象正常嗎？曾聽說寶寶的腦囟絕不能碰，否則會影響他們的腦部發育。但每天也要替寶寶清潔頭部，怎能不碰？避開不清潔腦囟位置又會否不衛生呢？

每個人的頭部都由 5 塊頭骨組成，每塊頭骨接合處若出現未完全癒合的情況，就稱為腦囟。腦囟常見於初生至兩歲的嬰兒，這跟他們的頭骨仍處於生長階段有關，而每名嬰兒的頭部皆有兩處腦囟，包括頭頂呈菱形狀的前腦囟，以及後腦呈三角形的後腦囟。

伸縮性頭骨助生產

兒科專科醫生容立偉解釋，寶寶的頭骨具有伸縮性，這除了因為頭骨未發育完成，亦是讓媽媽順利生產的輔助條件。寶寶從媽媽的陰道口出來，每塊頭骨之間的空隙令其在受擠壓的情況下可變成「扁圓形」，即間接收窄了頭部的體積，令媽媽生產時倍感輕鬆。

前腦囟癒合需時

等待腦囟癒合是每個嬰兒必經的階段，腦囟的空隙越細，對寶寶的威脅越小。兩組腦囟中，後腦囟癒合的時間較快，約 5 個月便能完全接合，亦有部份嬰兒出生時，其後腦骨已經接合。至於前腦囟，癒合時間約 1 至 2 年不等。等待腦囟癒合期間，媽媽輕摸寶寶頭頂位置，或會感覺到「軟腍腍」，而細心觀察更會看到皮膚底下的血管在跳動，這屬正常現象，毋須緊張。只要避免腦囟受硬物撞擊或被尖器刺破，日常護理如替寶寶梳洗或更衣，並不會對其有影響，也不會引起痛楚或不適。

頭圍正常腦囟癒合佳

腦囟癒合時間因人而異，若寶寶到母嬰健康院作定期檢查時，醫護人員指其頭圍在正常的生長範圍內，可間接推斷腦囟癒合情況良好。除了腦積水及天生腦骨已癒合這兩類罕見疾病，腦囟一般能自動癒合，而且慢慢形成又圓又平滑的頭骨，媽媽毋須作特別護理。

21 大頭 B 聰明啲？

專家顧問：陳德仁 / 兒科專科醫生

　　頭顱中藏有人的腦袋，而它為智慧的代表，故不少人認為頭圍越大就等於越聰明。小朋友頭圍大，其媽媽聽到以上論調當然開心；而若頭小的不免擔心，怕小朋友發展較人緩慢。到底前者與後者的興奮或憂慮是正確嗎？頭圍大真的代表聰明？不如由兒科專科醫生告訴大家。

傳聞來源

　　人類的腦袋藏於頭顱裏，兩者關係十分密切，很多人覺得頭顱越大，意味內裏的腦袋之容量、尺寸越大。這樣的話，豈不是代表人能夠運用的腦細胞更多，甚或效果更好？此看法流傳已久，頭顱、大腦尺寸跟智力往往拉上關

係，其中一個明顯例子是外星人的樣貌，在許多科幻小說、電影的描繪中具有極高智慧，頭顱亦較人類異常碩大。

頭大 ≠ 聰明

到底頭顱大小能否解釋智力的高低呢？陳德仁醫生表示，這說法其實並沒有根據，小朋友頭圍大或小，主要受遺傳及病理因素等影響，和智商並沒太大關係；而男女的頭圍亦不一樣。若小朋友頭圍偏大，多是因父母頭圍也較大，純乃遺傳作用。因此，與頭顱相比，後天刺激對小朋友的智力發展更為重要，讓這些外界刺激幫助他們大腦中的突觸於發展黃金期成長，將來或會更聰明。

異常或患病

小朋友每次到健康院檢查，護士除了會為他量高、磅重，也會測度其頭圍大小，這是因為它能反映小朋友的成長及健康狀況，醫生可借之評估他們身體發展是否合乎指標。陳提醒，雖說遺傳是影響大小的常因，但亦有患上疾病之可能，父母需多加留意。

頭大小趣聞

如果頭大就代表聰明，那麼公認的天才愛因斯坦的頭必定較一般人大。但是一些科學家以其死後捐出的腦袋作研究，結果發現，愛因斯坦的腦子大小與普通人的差別並不大；甚至根據當時的病理科主任哈維醫師之記錄，愛因斯坦的腦袋重 1230 克，比男人的平均值還要低，毫不出眾，不甚符合以上說法。

頭圍	原因
過大	小朋友頭顱異常的大，特別是短時間內迅速增大，可能為頭部出現問題的表徵，他們或有機會患上腦部疾病，比方腦積水、腦積血、腦炎和腦部腫瘤等。父母應多加留意，並帶小朋友作進一步詳細檢查，確定真正原因，以安排合適的治療方法，以免影響將來之智力發展。
過小	剛出生的小朋友的頭顱，骨與骨之間有着空隙，即是所謂「腦囟」。在正常發展下，小朋友的腦囟要至他 1 歲至 1 歲半大才閉合，讓頭顱及腦袋有生長的空間。若他的頭顱過小，有可能代表其腦囟閉合過早，這將會局限了其腦部發展和成長，造成發育遲緩。

22

剃光頭
易被細菌感染？

專家顧問：何慕清 / 兒科專科醫生

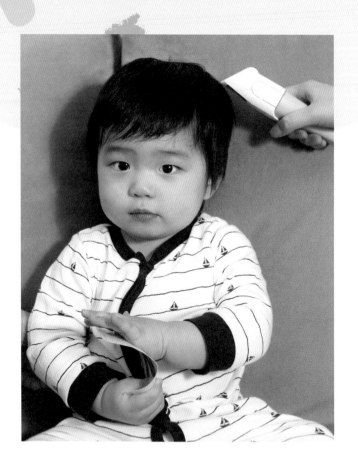

　　寶寶年紀尚幼，頭髮一般較為稀疏。有些爸媽為方便打理，或會索性讓寶寶剃光頭，並認為這有助重新長出較佳的頭髮。不過，坊間有相反意見指，不應該替寶寶剃光頭，因這容易造成細菌感染。

皮膚保護膜

有傳聞指，替寶寶剃光頭，會增加他們被細菌感染的機會，令一眾爸媽十分擔心。何醫生就表示，這個傳聞內容屬實，因為剃頭時會用上剃刀，有機會弄傷頭部皮膚。皮膚原來是一層很好的保護膜，若沒有破損，就能阻隔細菌或病毒的入侵；但即使少許刮傷，甚至是蚊叮蟲咬，也能成為細菌和病毒的入侵點。

容易招破損

爸媽或會認為，只要剃頭時加倍小心，就不會弄傷寶寶。其實無論多小心，剃頭這個行為，已有機會造成肉眼看不到的破損。寶寶頭部皮膚表面上可能完好無損，且無傷痕，爸媽便以為沒事，但若是用顯微鏡去觀察，可能已被剃刀弄損了，令細菌有機可趁。

無助改髮質

除了因為方便打理，有些爸媽或相信坊間傳言，以為剃光頭，寶寶新長出來的頭髮就能變得更粗黑和濃密，有助改善髮質。不過，何醫生對此表示，這個傳言實際並無醫學根據，剃光頭根本不能改善寶寶的髮質。故爸媽勿以為此舉有利改善髮質，就幫寶寶剃光頭，反對其頭部造成影響。

頭髮助保溫

剃頭這個行為對寶寶而言，可謂有害無益，除易招破損之外，亦失去頭髮的保護，此保護於年幼寶寶尤加重要，因其皮膚特別嬌嫩薄弱，容易着涼。而頭髮就似一頂帽子，可以遮蓋頭部，令其變得暖和；頭部如此，身體自然會隨之暖和一點。剃光頭就似脫掉寶寶部份的衣服，令頭部失卻頭髮的保護。

戴帽看材質

如果爸媽已經替寶寶剃光頭髮，就要小心注意他們頭部皮膚有否破損，並出現紅腫、熱痛等病症；若有，就需要帶他們求診。何醫生亦建議爸媽，可讓剃光頭髮的寶寶戴上帽子，以達保護之效。但是，購買帽子時，必先留意其用料，切勿選擇容易令皮膚過敏的材質，純棉可謂較佳之選。爸媽更要注意，不要讓帽子覆蓋寶寶的鼻孔，以免影響呼吸。

23

剃頭髮
變又濃又密？

專家顧問：張傑／兒科專科醫生

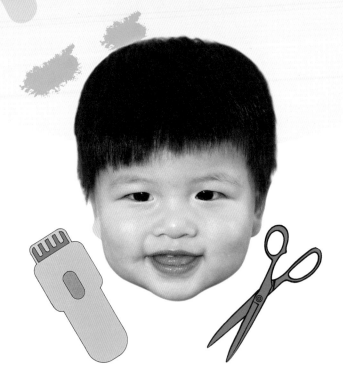

　　有傳聞指，父母替寶寶剃光頭髮，將髮根刮出來，再長出的毛髮會變得較黑和濃密。這個傳聞到底孰真孰假？就由兒科醫生告訴大家吧！

　　頭髮與儀表不無關係，有些寶寶頭上只有疏落的毛髮，故令父母十分擔心，怕其長大後會有禿頭之虞。同時，父母又憂慮，剃清刮光會把寶寶僅有的頭髮也弄沒了，怕他們久久仍未能重新長出頭髮來，處於兩難之間。説到底，父母應該如何抉擇呢？

剃頭髮 冇幫助

　　胎毛是指寶寶初出生時的毛髮，較一般頭髮細軟，且顏色偏黃，看似疏疏落落；有傳聞指，將之剃光，有助新長出來的頭髮變得濃密。但兒科專科醫生張傑指出，此傳聞並無科學根據，重新長出來的毛髮會變得較茂密，很多時候也只是媽媽的錯覺。隨着寶寶成長，他們的胎毛會慢慢脫落，再長出新的頭髮，而這些新生的毛髮都比胎毛粗黑。如果媽媽替寶寶剃光，就較易清楚看到當中的轉換過程，故產生剃頭髮才會長得濃密的錯覺。實際上，這是一種生理現象而已，剃光寶寶的頭髮不能改變其毛髮質素。

胎毛 ≠ 將來髮量

　　有媽媽看到寶寶頭髮少，擔心他們將來會是禿頭。張表示，其實胎毛的多寡與先天遺傳有着密切關係，因此有些寶寶初出生已有茂密頭髮，有的卻很少。以上情況是很正常的，即使寶寶出生時髮量稀少，媽媽也不用太過介懷。而且，寶寶胎毛的多寡與長大後會否成禿頭並沒直接連繫，這是因為人的髮量甚受荷爾蒙影響，其水平高低會隨着成長而不同，故寶寶初生的髮量不可以當作長大後的參考。有許多人在年幼時，頭髮很稀少，甚至看起來幾乎是禿頭，一定歲數後才開始生頭髮，最終髮量正常。

甩髮屬正常

　　如上文所言，在寶寶成長過程會有胎毛脫落的現象。若媽媽看到寶寶有脫髮情況，或是頭上有一部份是光禿禿、沒有毛髮，並不需要太過緊張。因為寶寶頭部經常置於枕頭上，長時間的摩擦會令胎毛更易掉落；同時，因應其睡姿不同，摩擦的部位也隨之改變，也會令光禿的位置有所不同。胎毛掉落後，新長出來的頭髮需要一段時日才能將之補足，在「青黃不接」之間，即會出現寶寶頭上有部份光禿的狀況，所以媽媽不要過份擔心。另外，有些媽媽看到寶寶頭髮稀疏，擔心會否是缺少營養而引致。當然營養和頭髮生長有某程度的關係，但是香港為已發展的城市，物質十分豐富，很少寶寶會不夠營養，更遑論嚴重至影響頭髮生長，因此媽媽不必憂慮。隨着寶寶成長，頭髮的問題大多會慢慢改善，不藥而癒。

24 W 形坐姿
致外八字腳？

專家顧問：廖敬樂 / 骨科專科醫生

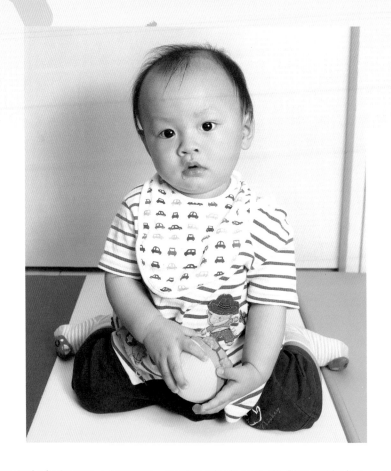

　　不少寶寶坐在地上玩耍時，都會不自覺地作出「W 形坐姿」，即如英文字母「W」般跪坐。有指，這種坐姿會令寶寶出現如鴨子般的「外八字腳」，這是真的嗎？如寶寶有「外八字腳」等骨骼畸形情況，有沒有方法矯正？

2022 全新

Leona
雙向手推車

XL舒適，XS空間。
XL comfort, XS size.

0m ~4y
約 0-4 歲 (承重22 公斤)
Approx. 0-4 years old (Up to 22kg)

可調校角度
Adjustable backrest height

單手收車，可上飛機
One hand fold, cabin luggage size

雙向安裝
Reversible seat

兼容嬰兒汽車座椅*
Compatible with carseat
*適用 PEBBLE, PEBBLE PLUS, ROCK, CARBIOFIX, CITI

廖敬樂醫生指，此說法並不正確。其實，W 形坐姿跟外八字腳完全沒有關係，反而是跟內八字腳 (即腳趾指向內) 有關。而且，W 形坐姿並不會引起內八字腳，而是有內八字腳問題的寶寶，較傾向坐下時使用 W 形坐姿。

W 形坐原因

概括而言，我們的下肢可分為股骨、大腿骨、小腿骨和腳掌骨。大部份有內八字腳問題的寶寶，都是因為大腿骨內旋，令他們站立時，雙腳腳尖指向內側。對他們而言，W 形坐姿的感覺最舒適，故會非常自然地作出這種坐姿。

八字腳特點

不論內八字腳或外八字腳，都是天生使然。廖醫生指，內八字腳是很常見的兒童足部問題，絕大部份會自然好轉，甚至完全康復，爸媽不用過份擔心。然而，內八字腳可能隱藏髖關節問題，需要經過小兒骨科醫生的專業判斷，以查看是否需要特別處理，故爸媽不應掉以輕心。

至於外八字腳，其成因較為複雜，可能是股骨出現問題，又或是大腿骨、小腿骨的問題，不能一概而論。相對而言，外八字腳較難自我康復。如果寶寶的內八字腳或外八字腳情況僅屬輕微，對他們日常走路並不會有太大影響。倘嚴重者，內八字腳會令寶寶走路時容易絆倒；外八字腳則令寶寶走路時欠缺穩定性，而且容易腳痛。

糾正方法

嚴格來說，所有畸形都可以透過手術矯正，但不是所有病人都有此需要，必須經過專業判斷才可確定。寶寶平時坐下來時，有何需要注意？廖醫生建議，寶寶應坐在適合其身高的椅子上，即屈膝 90 度時，腳板可安放地面，不會搯腳。

對於喜歡 W 形坐姿的寶寶，可鼓勵他們盤膝坐，此坐法有助內八字腳的寶寶自我矯正。至於外八字腳，由於其成因較為複雜，相對而言較難自我康復，故沒有特別建議的坐姿。如有疑問，應向骨科專科醫生尋求協助。

以色列

taf toys

都市花園系列
Urban Garden
COLLECTION

玩偶吊飾及手搖鈴
Soft toys & Rattles

啡兔
Jenny Bunny

灰兔
Rylee Bunny

刺蝟
Spike Hedgehog

0m+

音樂床上轉
Musical Mobile

布圖書
Pram Book

穿梭在都市中的後花園
Travelling in the Urban Backyard

遊玩墊
Foam Mat

健身架遊玩墊
Foldable Gym

25

穿大一碼鞋禍害多？

專家顧問：林育賢 / 脊骨神經科醫生

　　不少家長認為孩子快高長大，為了「物盡其用」，會為他們購買大一個尺碼的鞋子。其實，除了衣衫要稱身，鞋子也應該完全符合小朋友的尺寸，避免影響其足部發育及脊骨健康。

首要揀鞋身軟

　　家長在選擇兒童鞋時，都會攜同小朋友試穿，避免買錯尺寸。年紀較大的孩子比較容易表達鞋子是否舒適好穿，不難選擇稱心的鞋子，但 6 歲以下的幼兒，就未必懂得表達舒適度及尺寸問題。所以，家長為幼兒選鞋時，主要應留意質料是否軟身、皮料是否夠彈性。對於 6 歲以下的小朋友，他們的足部尚在發育階段，足弓仍未成形，所以，缺乏彈性的鞋子難以吸收震盪，同時會令幼兒每次步行時，足部一着地便感到疼痛。此外，若孩子經常穿着鞋底承托不足的鞋子，會很容易令幼兒出現扁平足。

揀皮鞋三大原則

林育賢醫生指出，為幼兒揀選皮鞋，應以「透氣度」、「鞋底彈性」，以及「承托力」為 3 個準則選擇：

❶ 鞋身物料應具備較佳透氣能力，因小朋友腳汗較多，需更有效將汗排走；而鞋底須有坑紋，以耐磨和防滑物料為佳，小朋友跑跳走動也不怕滑倒或磨蝕鞋底。

❷ 鞋身需夠厚而且富彈性，並需要「全包」款式，使能包裹幼兒整個腳掌。

❸ 提供充足的承托力，能夠卸減幼兒走動時身體的重量。

試鞋時需注意事項

家長需留意皮鞋尺碼的大小必須要適中，不能太大或太小，也不能太窄或太寬，而是需要配合幼兒的腳形。腳趾頭與鞋頭之間應保持一厘米的距離，令腳趾有充足空間透氣和活動。

魔術貼與綁鞋帶保護能力相若

不少家長會擔心小朋友穿魔術貼設計的鞋子會不夠保護性，因而傾向購買綁鞋帶的鞋子，但幼兒綁鞋帶並不容易，亦欠缺能力綁緊繩結。事實上，鞋帶或魔術貼設計兩者在保護幼兒足踝和加強身體承托力方面，其實沒有太大差別，反而家長應留意幼兒能否自行正確地繫上黏貼或綁鞋帶，以保護雙腳。

買大一碼禍害多

切忌買大一個號碼或不合腳形的鞋子，因為幼兒需以腳趾去抓緊鞋子，穿着過大或承托力不足的鞋子，會令腳底過份疲勞，走路時會較容易扭傷足踝。對於小朋友發育迅速，家長應多加留意有沒有「頂趾」的情況，如鞋子已磨蝕或失去彈性便應更換，以免影響足部發育。再者，小朋友長期穿着過大的鞋子，會導致平常走路的姿勢不正當，更有可能會影響正常的脊骨發育。

足部問題要及早矯正

如發現幼兒走路姿勢奇怪或鞋底內側磨蝕較嚴重的話，他們可能患有扁平足等兒童常見的足部問題，如忽視便有機會影響兒童步行及日常生活，更有機會對脊骨及膝蓋的發育有深遠而不良的影響。如懷疑幼兒有足部問題，建議由認可的醫療團隊為他們作專業的全身姿態及足部分析檢查，及早發現其足脊問題，可盡早作出矯正。如有需要更可以訂製矯形鞋墊誘導足弓發展，改善足部健康及平衡等問題。

26

提 B 手臂學行
礙協調力發展？

專家顧問：廖敬樂 / 骨科專科醫生

　　每個寶寶都會經歷蹣跚學步的階段。有指，若爸媽提起寶寶的手臂來教他們走路，會影響其協調力發展。此說法是否屬實？此外，寶寶學行時，有何需要注意？使用學行車又有沒有幫助？

骨科專科醫生廖敬樂指，此説法為過份推論，適量的攙扶並不會對寶寶學行構成不良影響，而且此行為包含着愛和關懷，毋須刻意避免。

發展有快慢

有些爸媽為了令寶寶盡快學會行路，會給予很多輔助，例如扶着他們走、讓他們使用學行車等，其實大部份都沒有必要。廖醫生表示，寶寶由不懂走路到學會走路，其間會經歷多個階段，包括翻身、爬行、嘗試扶着物件站立，再自行行走，是為漸進式進展。另外，寶寶的肌肉力量及身體協調能力，亦應發展至一定程度，例如頭、頸、軀幹能控制自如，下肢能夠承托身體，才能行得穩。每個寶寶的發展速度都不同，沒有必要與人比較。一般而言，寶寶於 10 至 18 個月內能夠自行走路，均屬正常。如超過 18 個月仍未學會自行走路，應向小兒骨科醫生查詢。

學行小貼士

「自古成功在嘗試」，要學會走路，定要勇敢踏出第一步。廖醫生提供了 3 個寶寶學行貼士，以供爸媽參考：

❶ 讓寶寶在安全的環境下自行探索，不用怕他們跌倒，只要肌肉訓練足夠，假以時日便會成功。

❷ 爸媽應鼓勵寶寶不扶着物件行走，讓他們有足夠的肌肉訓練。當他們學行時，可讓他們以雙手拿着玩具，促使他們以自己的身軀承托重量，以訓練全身肌肉。

❸ 鼓勵寶寶赤腳行走更見成效，這樣可令寶寶的腳部受到不同刺激，並促使他們多活動腳趾肌肉，有助將來發展。

學行車危機

廖醫生表示，寶寶要有足夠的肌肉力量及四肢協調性，才能學會步行。使用學行車反而令寶寶缺少肌肉訓練，但卻能快速亂竄。對於未學會行的寶寶，在學行車內高速移動是非常危險的，而且易生意外。外國曾經出現學行車滾落樓梯，令寶寶死亡的事件。使用學行車或存有潛在危機，故爸媽讓寶寶使用時，要多加留意。

27

寶寶學步
點扶先好？

專家顧問：吳婷婷 / 註冊物理治療師

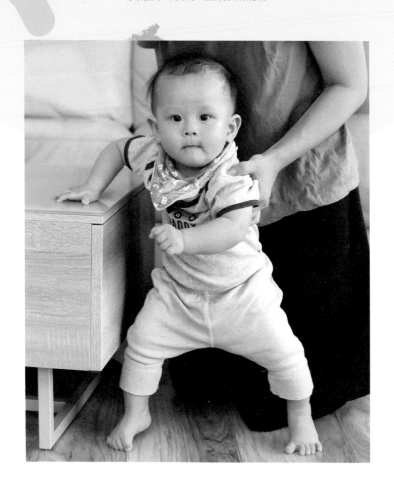

　　寶寶自出娘胎一直成長：平臥、轉身、穩坐、爬行、站立、走路……每走一步都在為下一個階段發展打好根基。那照顧者何時知道寶寶準備好學習行路？有跡可尋嗎？家長又可以如何輔助寶寶？

自然發生

物理治療師吳婷婷指寶寶一般在 8-9 個月開始學爬,他們由頭至腳,至身體核心到四肢皆會變得越來越強壯。爬行時頭部、肚子會離開地面,頸向前望,四肢協調以支撐起身體重量,並左右向前搖動。「向前」、「承重」、「左右體位」轉移等爬行特質與行路十分相似,當發展日臻完善之後就可以學習站立。寶寶初站立時一般要用手撐着借力,四肢都會受力,自然可更強化肌肉發展,幫助日後學習走路。

初學走路

寶寶初學行時通常會使用髖關節旁邊的肌肉,所以不時見寶寶打側扶着家具緩步走,並慢慢可在不同家具之間前後轉來轉去。此現象代表寶寶開始掌握如何平衡和強化腰背核心肌肉,之後就能更穩固向前行。吳婷婷提醒照顧者應特別留意家居環境安全,例如鋪地墊、在尖角位加軟膠、封住空的電掣位等,以免寶寶因活動能力增加,發生意外風險也隨之加劇。同時爸媽可細心留意寶寶站立時能否企直,並鼓勵寶寶不要傾斜身體或常倚着物件站立。

正確姿勢

不少照顧者也會在寶寶學行時常伴左右,確保他們安全並提供協助。吳婷婷提出照顧者要小心輔助姿勢,以免本末倒置,幫忙變傷害。平時常見小朋友站在成人前方,成人舉高孩子雙手到寶寶頭頂之上,前後兩人一起向前行。吳婷婷指這姿勢未能使用孩子腰背核心肌肉和手部力度,無助小朋友學習平衡身體和建立正確走路習慣,加上高度不一致,有可能在成人向上拉時拉傷寶寶關節。她建議最理想姿勢是照顧者應坐或站在寶寶水平前方,伸手讓寶寶雙手放在上面借力行前。若然寶寶未夠力自己行路,家長也可扶住寶寶肋骨兩旁的胸口位置。

學行產品

坊間有不少學行輔助產品,例如學行帶、學行車,家長可按小朋友需要使用。在物理治療師角度,學行帶擔當防止小孩跌倒之效,但非「有助學行」。其中學行帶也分背心款跟全身款,背心款只束住肋膀位置,全身款則會包裹整個上半身,有助孩子跌倒時較易借力站起來。

28

BB 喊多抱會縱壞？

專家顧問：文珮琪 / 註冊社工

　　老人家常說寶寶抱得多會縱壞，即使他們怎樣哭鬧都千萬別抱，任由他們哭夠便自然會靜止下來。其實寶寶哭鬧真的不應該抱他們？寶寶哭鬧不理會對他們可能會造成負面影響，最重要是找出哭鬧原因，抱得其所，才是正確的做法。

不可太緊張

　　社工文珮琪表示，上一輩認為寶寶哭鬧時不立即抱他們，是擔心「習慣成自然」，寶寶慣性哭鬧時便立即有人抱他們，當沒有人抱便會扭計。她說其實這觀念並不是錯的，但寶寶是靠經驗來學習，而非靠理論，當他們哭鬧而得到別人抱抱，他們會感到開心，這是靠經驗累積的感覺。當然，如果他們每次哭鬧，家長都立即抱他們，便會令家長感到相當煩惱。

　　其實，當寶寶哭鬧時，家長最重要是先處理自己的情緒，有些家長看到寶寶哭鬧便表現非常緊張，不知如何是好。所以，家長看到寶寶哭鬧應先讓自己冷靜，控制情緒，否則更加不能解決當前的問題。

了解生活規律

　　文珮琪指當寶寶哭鬧時，家長不立即抱他們並沒有問題，但最重要是找出令他們哭鬧的原因。寶寶哭鬧時，家長可以蹲下來，以溫柔的聲線問寶寶為甚麼哭鬧，然後，可以看看他們究竟是尿濕、感到肚餓、感到凍或熱，或是感到不舒服等原因。家長最重要是了解寶寶的生活習慣，清楚知道他們作息規律，這樣便很容易找出導致他們哭鬧的原因。家長要明白人是有基本需要的，而寶寶由於未能以言語表達需要，只可以靠哭鬧來表達，因此，家長如能明白他們的生活規律，便能解決他們的問題，滿足他們的需要。

建立安全感

　　倘若寶寶哭鬧時，家長對他們不聞不問，既不抱他們，更不協助他們解決問題，這樣便會減低寶寶的安全感。有些家長因為寶寶哭鬧感到厭煩，而對他們破口大罵，這樣只會更加削弱寶寶的安全感。

　　缺乏安全感對寶寶成長會帶來影響，因為當寶寶缺乏安全感時，他們會缺乏探索世界的勇氣。所以，當寶寶哭鬧時，家長千萬別過度緊張地抱他們，亦不可以忽視他們的需要。寶寶哭鬧時，家長以輕鬆心情來處理問題，不立即抱寶寶並沒有問題，但不為他們解決問題，便會帶來負面影響。

沒有哭鬧也可抱抱

　　文佩琪認為，即使於日常生活中，寶寶並沒有哭鬧，家長也可以抱抱他們，這樣可以帶給他們安全感，同時，可以減低寶寶扭計的次數。家長謹記，當寶寶哭鬧時千萬別強行制止他們，要明白他們也有需要及情緒的。

瞓扁頭
同睡姿有關？

專家顧問：張傑 / 兒科專科醫生

扁撻撻　　扁撻撻　　扁撻撻　　扁撻撻

　　年幼寶寶每天會用上超過一半時間睡眠；因此他們睡眠姿勢對其身體影響甚大。有人更認為「瞓扁頭」這個情況，是與寶寶的睡姿有關，究竟是否真有其事呢？

寶寶會因着個人習慣，而經常性朝向一邊睡覺，多睡的一側會容易出現頭部扁平的外貌。然而，寶寶頭形不對稱的情況，大部份也會隨着他們日漸長大，平卧的時間減少而得以改善。可是，也有寶寶不能完全復原，或有機會一直持續下去。

雖然這個情況不致會危害他們的健康、生命安全，以及影響發育，但卻有損其外貌。醫生指出，只要寶寶在生活的習慣上有所改變，其「睡扁頭」的情況也可能會得到改善。改善期可以在短短數個月內完成，但這只是臨床的經驗，沒有實質的數據。而父母亦可嘗試以下的方法：

適當運用睡枕

雖然寶寶頭部的枕骨明顯，可以被視作天然的枕頭，但是薄而柔軟的睡枕，卻能夠有效地使其頭部更容易定位在中線之上，從而減少頭部扁平的情況。

更換睡眠方向

父母可以經常更換寶寶的睡眠方向，避免他們時常朝向某一邊睡覺，因而只有那一邊受到外來的刺激。可是，當固定好寶寶頭部的位置後，他們仍會自行改變睡覺的方向。

多睡凸出的一側

倘若寶寶頭部一側明顯地凸出，父母可以讓他們多睡那一側，或者使用具有承托力的睡枕，從而固定其頭部的位置。這兩個方法皆是利用寶寶頭部的重量，以平衡不對稱的一邊。

知多一點點

Ⓠ **有人認為寶寶趴着睡覺便不會「睡扁頭」，這個做法是否正確？**

Ⓐ 這個做法理論上是正確的，但是寶寶的睡姿並不是可以由父母隨便控制，特別是當他們懂得翻身後，他們會自行選擇一個舒適的姿勢睡覺。

Ⓠ **寶寶「頭扁扁」還有甚麼原因？**

Ⓐ 初生寶寶的頭是由多塊未接合的骨塊所組成，頭骨較為柔軟及富彈性，從而方便其頭部容易通過母親的陰道，以及容許其出生後的腦部，擁有更多的發展空間。因此，寶寶剛出生時，他們的頭形可能會不完全對稱。

瞓得多
長得快？

專家顧問：張傑 / 兒科專科醫生

　　初生嬰兒的睡眠時間，每天約 16 至 20 小時；4 至 6 個月的寶寶，約睡 13 至 18 小時。睡覺，可說是寶寶每天主要的「活動」之一，但睡眠時間的長短，確實因人而異。然而，若寶寶睡眠時間較長，是否真的令他們生長更快呢？

休息要足夠

　　理論上，寶寶睡得多，新陳代謝的速度也較快。張傑醫生稱，新陳代謝的速度會受休息時間、飲食習慣和活動所影響；要是新陳代謝較好的話，有助提升寶寶身體的免疫力、血液循環效率，以及更有活力等。不過，這並非代表寶寶只需睡覺，就會成長較快。

父母要明白，休息充足就已經足夠，而非越多越好；正如進食一樣，不是越吃得多就會越長得高。以下是寶寶在相應年齡的適當睡眠時間，可供媽媽參考：

年齡	適當睡眠時間	年齡	適當睡眠時間
初生嬰兒	16 至 20 小時	1 歲	12 至 15 小時
4 個月	13 至 18 小時	1 歲半	14 至 17 小時
6 個月	14 至 16 小時	2 歲	13 至 14 小時
9 個月	13 至 16 小時	3 歲	12 至 13 小時

培養睡眠習慣

此外，除非寶寶因病理性的原因而導致睡眠質素和量下降，例如睡眠窒息症等，否則，就算他們睡得不足夠，也不代表會比其他寶寶成長得較慢。實際上，有些寶寶的睡眠時間較少，但仍然很健康，所以不能一概而論。

不過，寶寶有充足的睡眠，確實有一定的好處，所以父母必須養成他們要有良好的睡眠習慣。欲寶寶睡得好，培養其睡眠習慣是必須的，如要寶寶定時上床睡覺、學習自己在床上入睡、不與成人同床，以及建立睡前模式如刷牙等，均有幫助。

充足睡眠好處

雖然，有充足的睡眠也未必能夠幫助寶寶快速成長，但是對他們亦有不少好處，如下：

- 日間學習能力較長
- 情緒比較穩定
- 胃口較好
- 避免癡肥
- 更多活力

追求「長得正常」

總結而言，張醫生表示，睡眠時間與寶寶的成長沒有太直接的關係，更提醒媽媽與其追求寶寶「長得快」，不如要他們「長得正常」。

其實，寶寶成長的快與慢只是遺傳性的，所以不是由父母去操控；然而，要寶寶身體成長得正常，只要提供寶寶進食營養餐、足夠活動量和優質睡眠，這反而是父母可以控制到及能夠給予寶寶的。

不肯午睡
有何對策？

專家顧問：張傑 / 兒科專科醫生

　　作為父母，每天的心情總是上上落落，為了孩子在生活上各種的問題而擔心，因為擔心孩子的成長之餘，也擔心孩子的心理發展，怕管得孩子太嚴格會影響他們的心理和造成陰影，例如孩子不肯睡午覺，原來這樣與孩子整體的管理，有莫大的關係。

午睡令人精神為之一振

大家都應該贊成，午睡可以令人精神為之一振。對小孩子而言，更可以令他們的精神更加集中，對學習有莫大的裨益。但是，有些小朋友的確因為午睡片刻，反而延長了晚間就寢的時間。兒科專科醫生張傑認為，話雖如此，但父母還是想孩子睡一睡午覺較好，所以，當孩子不肯午睡時，父母總會用各種的方法，包括責罵、獎勵、恐嚇等，令孩子就範。起初一、兩次可能奏效，之後孩子似乎沒有甚麼反應了。為何呢？

「心野」不肯午睡是正常

張醫生指出，孩子為何會用盡一切的方法，包括罷睡、哭鬧、發脾氣等，去表示自己的決心？原因有一個，只要父母或其他長輩堅持不住他們的抗議，他們便會每天用同一個方法令其他人就範。如果父母不放棄，大人和小朋友就會每天為此問題而煩惱；如果父母放棄，孩子就會被定性為「硬頸」的人。當然，孩子「心野」不肯午睡是正常的，不過，父母不可讓孩子越線。

父母讓步傳遞錯誤信息

張醫生認為，父母若讓步，只會令孩子收到錯誤的信息。還有，這已經不是睡覺的問題，而是孩子是否服從指令的事情。若此例一開，家長的教導便會「失守」。如果父母能夠可以在午睡這件「小事」上表現得宜，那麼，父母在處理孩子其他生活的事情上，亦將會得心應手。

孩子午睡需遵守 8 個做法

所以，張醫生非常堅定地告訴父母，若父母同意孩子睡午覺是需要的話，請直接告訴孩子遵守以下 8 個做法：
1. 孩子一定要午睡。
2. 這是指示，沒有空間可討論。
3. 製造如晚間睡覺一樣的「睡眠儀式」，例如刷牙、換衣服、抱公仔等。
4. 如果孩子不肯睡，或睡不着，要求他們不可以叫、不可以起來，更不可以走出房間，孩子只可選擇躺在床上。
5. 若果孩子違反規則，之後就有懲罰。
6. 家裏各人必須行動一致，否則將是前功盡廢。
7. 午睡的時間最好是以固定時間開始，固定時間完結。
8. 睡覺的房間需要盡量保持漆黑，例如將窗簾拉上和關上所有燈。

32

BB 瞓覺 唔使用枕頭？

專家顧問：何學工 / 兒童免疫及傳染病科專科醫生

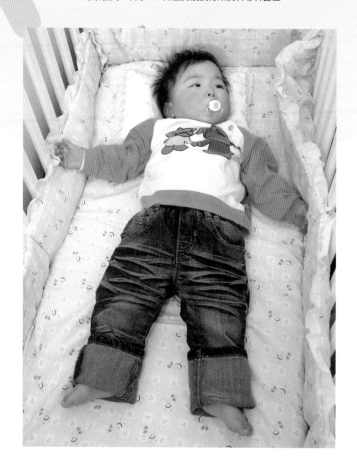

　　坊間許多嬰兒用品店都有出售嬰兒枕頭，供他們使用的枕頭與成人所用的完全不同。嬰兒枕頭較扁，有一些中央位置是凹陷的。以往有說法認為嬰兒不需要用枕頭，但有的則認為他們不用枕頭會影響頭形，究竟嬰兒是否需要用枕頭呢？

不建議使用

兒童免疫及傳染病科專科醫生何學工表示，初生嬰兒是沒有必要使用嬰兒枕頭的，原因是使用枕頭容易讓他們發生意外，當初生嬰兒被枕頭蓋着面部時，他們未有能力把枕頭推開而焗死的意外時有發生，特別是在外國這些意外更為普遍，在香港亦偶爾發生，所以，何醫生不建議讓初生嬰兒使用枕頭。

6 個月後才用

但有些父母會擔心，若長期不讓嬰兒使用枕頭會影響他們的頭形，可能因此變得扁平，何醫生稱父母可以在嬰兒 6 個月或以上開始使用嬰兒枕頭，這時期的嬰兒活動能力較佳，使用嬰兒枕頭亦較安全。父母可以為嬰兒挑選一些嬰兒枕頭是中央部份凹陷的款式，這樣當嬰兒仰臥時就不用擔心他們的頭形受影響，變得扁扁平平了。

另外，父母要明白為嬰兒挑選枕頭與成人是不同的，成人的枕頭講求厚度，能夠承托頸部；但是，由於嬰兒的頸部肌肉發育尚未成熟，所以，父母不需要為嬰兒挑選太厚的枕頭，否則會對他們頸部肌肉發展構成影響。

安全睡眠環境

何醫生指出，不論是否使用嬰兒枕頭，能夠為嬰兒提供一個安全及衛生的睡眠環境才是最重要的。他建議父母應該安排與嬰兒於同一睡房休息，但並不是同床，而是把嬰兒床安放於主人房內，這樣父母便可以留意到嬰兒的狀況，發生任何事也可以即時解決。此外，父母不應該在房內吸煙及飲酒，讓嬰兒吸入煙酒的味道會影響他們的健康。

若使用嬰兒枕頭的要定時清潔，特別是在嬰兒嘔奶之後更加需要即時清洗，注意衛生。嬰兒床的佈置越簡單越好，能夠減少發生意外的機會，倘若嬰兒床放置了圍欄、公仔、枕頭及被子等物品，父母必須把圍欄綁牢，避免它鬆脫後蓋在嬰兒面上導致窒息，甚至死亡。父母必須定時檢查圍欄有否鬆脫，被子、床單要楔好，如果父母擔心的話，甚至可以把嬰兒枕頭放在床單下，減少嬰兒把枕頭蓋在自己面上的機會。公仔亦不宜放得太接近嬰兒頭部，慎防發生意外。

33

發音唔正要剪脷根？

專家顧問：梁皓然 / 言語治療師

我想飲「隊隊」！

　　寶寶到 1 歲左右開始牙牙學語，一時說些 BB 話，一時模仿大人說話，十分趣致。然而，寶寶說話時發音「歪歪地」，是不是因為他們黐脷根所致？帶寶寶剪脷根是否可解決問題？

90% 無脷根問題

　　言語治療師梁皓然表示，寶寶從 1 歲開始學習說話，直至 4 歲才能掌握發音的技巧，能像大人般說話，所以過程中出現發音不正，實屬正常。他強調根據經驗所得，兒童出現發音不正，追究原因有 9 成與黐脷根無關，因此媽媽不宜在未診斷寶寶的發音問題前，便帶其剪脷根。這不但不能根治問題，更令寶寶白白捱一刀，可謂得不償失。

兒童發音階梯

廣東話發音對寶寶而言，有深有淺，有些音節的確較難掌握。年幼寶寶未能掌握所有發音，是由於他們的口腔未完全發展，或者未懂得協調口部肌肉、舌頭、牙齒和嘴唇，只要其中一部份不協調，也會令其發音不正；一般而言，4歲左右便能完全掌握。不過，在寶寶懂得說話時，媽媽宜多留意其發音，如未能達到以下發展階梯，建議盡早帶寶寶約見語言治療師，查看問題的成因：

兒童發音障礙階梯表

年齡	發音障礙	字例					
2歲半	圓唇尾音 /-u/	錶	讀成	B	貓	讀成	媽
3歲	/h/ 音	口	讀成	嘔	開	讀成	哀
3歲半	/ph/ 音	拋	讀成	包	P	讀成	B
	/f/ 音	花	讀成	巴	飛	讀成	悲
	/k/ 音	狗	讀成	豆	哥	讀成	多
4歲	/ts/ 音	遮	讀成	爹	中	讀成	東
	/tsh/ 音	叉	讀成	他	草	讀成	土
4歲半	/s/ 音	手	讀成	豆/走	水	讀成	隊/咀

忌學 BB 話

有時聽到寶寶說話發音不正，會覺得很可愛，不知不覺便會學其說話，或用BB話和寶寶對談，感覺雙映成趣。可是，專家指出這是不恰當的做法。因為寶寶處於模仿大人語言和行為的階段，猶如一張白紙，由父母為其添加色彩。如父母一時「貪得意」，模仿寶寶的錯誤發音，便難以糾正。

因此，專家建議父母必須向寶寶示範正確的發音，宜讓寶寶觀察父母的嘴形和牙齒，了解發音時各部份的協調。此外，也可以擺放寶寶的手在唇邊，有助他們掌握正確發音。

親子發音練習

寶寶出現發音不正，如非口腔的結構問題，專家建議媽媽在家中和寶寶輕鬆練習：

❶ **咀嚼練習：**專家建議寶寶2歲半後，應減少餵食流質食物，宜讓其進食固體食物，訓練咀嚼。這樣能訓練寶寶的嘴唇等口腔肌肉，有助咬字更清晰。

❷ **吹泡泡：**寶寶最愛玩的吹泡泡，包括了圓唇和吹氣的練習。當他們懂得吹氣，更易掌握圓唇音和送氣音的發音技巧。

34 講錯文法 如何糾正？

專家顧問：楊潔瑜 / 資深註冊教育心理學家

當寶寶說話時，錯誤使用文法，即使父母立即加以糾正，他們也可能重複地出現錯誤。專家指出，此乃正常現象，父母毋須過份緊張；同時，她亦分享了引導寶寶正確使用文法的好方法。

錯誤使用 3 原因

寶寶在剛學會說句子的階段，不時會錯誤地使用文法，其原因如下：

✖ 想法多多

寶寶開始學習不同的句子結構時，他們仍然不太明白怎樣適當運用文法的方式，加上希望表達的意思越來越多，因此增加了出錯的機會。

✖ 父母錯誤示範

部份父母愛跟寶寶説英語，可是他們在使用英語文法時卻有所混淆，例如把「There is a table.」錯誤讀成「There have a table.」等，導致寶寶學習了錯誤的文法。

✖ 腦部發展未成熟

語言發展有不同的發展階段，好像單字、疊字、詞彙、句子等，而不同句子的結構亦有所差異，加上寶寶的腦部發展尚未成熟，因此年紀小小的寶寶未必能夠掌握正確使用文法的技巧，如「不」這個反意字，應放在句子的哪個位置上。

糾正文法 3 妙法

即使寶寶較為聰明，他們也會經歷錯誤使用文法的階段，著名語言學家杭士基 (Avram Noam Chomsky) 曾經提出，人類一出生便擁有學習語言的本能，而腦袋天生已有條件進行理解、組織和吸收各種語言結構。只是寶寶的腦袋仍未發展到某一階段時，他們便會錯誤使用文法；而在給予正常的語言環境下，不論任何國籍的寶寶，也能自己學會母語。雖然根據理論，即使父母不多作指導，寶寶亦總有一天能學會正確使用文法，可是專家仍建議父母，應該適當地糾正寶寶的錯誤文法。

✔ 讀出正確文法

當寶寶説話時，用上錯誤的文法，父母應向他們説出正確的説法。雖然寶寶的小腦袋未必能夠即時消化，亦不能立即改正過來，可是父母的更正，某程度上能夠達致潛移默化之效，使寶寶至適當的年齡時，更易以正確的文法説話。可是，父母切忌強迫寶寶更正文法，否則可能會使其説話的意慾大減，結果得不償失。

✔ 讓寶寶模仿

美國心理學家班杜拉 (Albert Bandura) 認為，寶寶可以通過觀察或模仿，學習正確的讀音及文法等，因此父母可以鼓勵寶寶跟隨自己練習正確的文法。但父母切勿不停要求他們讀出更正的句子，以免打擊他們的自信，以及説話的興趣。

✔ 賞罰作鼓勵

一位美國心理學家史金納 (B.F. Skinner) 曾經提出，父母可以透過賞或罰，加強寶寶的學習意慾。不過，父母謹記獎賞不一定是物質上的給予，只是簡單一句讚賞説話或一個擁抱，已經是一個鼓勵他們學習的方法。

35 多國語言
同時學可以嗎？

專家顧問：秦蓁博士 / 言語治療師

　　時下家長都很緊張孩子的語言能力發展，希望他們年幼時便能掌握多國語言，將來升學及工作都可以大派用場。話雖如此，在孩子學習語言的黃金期，拼命安排他們學習不同語言又是否適合？他們又是否能夠真正掌握如何運用不同語言？

按年齡發展

　　言語治療師秦蓁博士表示，孩子1至2歲是個關鍵時期，因為1歲時他們開始懂得講一些單字。有研究指出，女孩子說話能力比男孩子佳，女孩子較男孩子快講出單字，女孩子一般在1至1歲3個月能講出單字，而男孩子

較女孩子遲 1 至 2 個月才講出單字。當孩子到 2 歲時便可以講出有兩個詞藻的短句，例如「食包包」、「媽媽要」等。1 至 2 歲的幼兒能理解一個步驟的指令，有些較聰明的孩子可以在此時理解有兩個步驟的指令。這階段的孩子亦可以理解一些簡單的問題，例如「乜嘢？」、「有冇？」等。

正確發音

很多家庭都聘請了外傭姐姐，有的外傭懂得說廣東話，但發音並不準確及不流利，家長會擔心長此下去會影響孩子的語言發展，造成語言障礙。秦博士表示這樣並不會導致孩子出現語言障礙，但有可能導致他們發音偏差，加上中、英文語法並不相同，如果孩子長期接觸外語，但中文又學得不理想，便有機會令到他們語言發展不理想。

秦博士認為，只要家長能夠給予正確的發音示範，每日安排時間與孩子玩耍，多與他們交談，便可以避免出現這個問題。

母語基礎紮實

零至 6 歲是孩子學習語言的黃金時期，學習任何語言都是越早學習成果越好，原因是這時期孩子的聽覺能力較敏感，易於掌握不同語言。不過，秦博士建議家長先留意孩子的母語根基是否紮實，運用母語表達及理解能力是否達到標準，倘若他們運用母語並不理想，但卻同時學習另一種語言，便可能影響學習進度，甚至令母語的學習進度也受影響。所以，當家長安排孩子學習另一種語言時，應先了解他們學習母語的進度，如果根基已經牢固，便可以學習另一種語言了。

說話要清楚

教授孩子任何語言，最重要是為他們營造需要運用該種語言的語境，要知道學習語言是雙向的，良好的語言環境是學習語言的首要條件。

❶ 家長對孩子說話時要清晰，咬字要清楚，不可以太快。孩子是透過模仿的方式學習語言，家長與他們對話時，可以留意其嘴形、語調。

❷ 另外，家長與孩子對話時不可以中、英夾雜，這樣很容易令孩子混淆，不明白當中的意思。

❸ 不宜爸爸運用一種語言，媽咪運用另一種語言，因為這樣對於家長會形成一種壓力。家長可以設定不同時段運用不同語言，例如玩耍時用英語溝通，吃飯時用粵語溝通。

❹ 以玩耍的方式學習語言是最佳的方法，大家在沒有壓力的情況下運用不同的語言，是最理想的。

頭大頭細
有冇毛病？

專家顧問：容立偉 / 兒科專科醫生

　　由初生開始，醫生便會定期為寶寶量度頭圍，並且作記錄。原來寶寶頭圍的大小是有規律可循的，過大或者過小都可能跟病變有關，媽媽不妨多作了解。

據兒科專科醫生容立偉表示，當寶寶出生後，醫生就會替他們量度頭圍，然後每次回醫生處覆診，以及每次到診所打預防針時，醫生也會定期為寶寶量度頭圍，並作記錄，藉此觀察寶寶的發展是否正常。

首月增長最快

那麼，如何界定寶寶的頭仔是屬於過大或過小呢？初生寶寶在剛出生時，各頭蓋骨之間仍有軟骨空隙，可以提供頭顱內的大腦、小腦在這段時間有空間快速地生長。

一般來說，初生寶寶的頭圍大約在 35 至 36 公分左右，大約 1 歲時，男 BB 的頭圍大約達到 47 公分，女 BB 的頭圍則可達到 45 公分。在初生的首 6 個月，寶寶的頭圍增長得最快，可達 10 公分。其中，第 1 個月的增長更可達到 3 公分，是增長幅度最快的一個月。

一般來說，一直至寶寶 6 至 7 歲大時，其頭圍大約會長到 50 公分，也就是快要接近成人的大小。到了 15 歲左右，寶寶的頭圍則大約有 54 至 58 公分，跟成人的頭圍大小差別不大。

大小因人而異

至於如何才算標準，容醫生指，寶寶頭圍的大小，跟人的身高一樣，是因人而異的。媽媽要知道，寶寶的頭圍標準，並不是跟別人比較，而是跟自己比較，因此，醫生要定期量度寶寶的頭圍，一旦發現頭圍突然有所改變，變得過大或過小，就要留意是否身體出現了甚麼毛病。

如果寶寶的頭圍過大，就會擔心有腦積水、腦部腫瘤及腦炎病變的可能。不過，除了量度出頭圍較正常為大外，如果真的有以上病變，通常寶寶也會同時有其他異常的表現，例如煩躁、哭鬧、呆滯或者食慾不振等，這時候必須經醫生作詳細檢驗才行。

相反，如果寶寶的頭圍過小，則擔心寶寶的腦部發育出現了問題。又或者是有可能出現其他疾病，如先天性小頭畸形、腦萎縮等症狀，同樣必須經由醫生作專業及詳細的檢查及診斷才行。

Part 2

健康疑難

寶寶健康是父母最關心的頭號大事，

如果寶寶健康出現問題，父母一定會擔心不已，

但對於各種健康問題又似懂非懂，不知如何是好？

本章有接近 40 條疑難解答，可一次過為你解惑。

37 睡覺眼不合
會致乾眼症？

專家顧問：劉凱珊 / 眼科專科醫生

　　爸媽們總愛看寶寶的睡相，有些人可能會發現，寶寶睡覺時不能緊閉雙眼，上下眼瞼間有一條小縫隙，但仍能安然入睡。這是為甚麼呢？長此下去，會否構成乾眼症，影響眼睛健康？

眼科專科醫生劉凱珊表示，睡覺時眼睛不完全緊閉，是很普遍的現象，約有三分之一的人於睡覺時，不能完全閉合眼睛。可是，亦有些疾病可能會令此情況加劇，例如因甲狀腺問題引致的甲狀腺眼，患者的眼球會特別大且凸出，令眼瞼未必能夠完全覆蓋眼球。

無礙睡眠

一般認為，必須閉起雙眼才能熟睡。原來，每當我們合起上下眼瞼時，眼珠都會自然向上翻。因此，即使不完全合上眼睛，也無礙睡眠。可是，這也並非完全沒有隱憂。當眼瞼不能閉緊，眼球下方約三分之一角膜便會暴露於空氣，令一些人覺得睡醒後眼睛特別乾澀。如果爸媽覺得擔心，可以帶寶寶求醫，檢查他們是否有眼瞼不能完全閉合的問題，否則毋須特別治療。

記得眨眼

若寶寶睡覺時不能緊閉眼睛，令部份角膜暴露於空氣，長遠而言會否引發乾眼症？劉醫生稱，乾眼症和眼瞼閉合問題其實並無關係。今時今日，乾眼症越發常見，主要緣於都市人長時間使用電子產品。當我們聚精凝視電子產品的屏幕，眨眼次數會不自覺減少，影響淚水分泌，眼睛自然覺得較乾。雖然乾眼症較少見於寶寶身上，但為了眼睛健康着想，2歲以下寶寶不宜使用電子產品。除了上述原因，佩戴隱形眼鏡亦會令眨眼次數減少，造成眼乾情況；罹患免疫系統疾病者，如紅斑狼瘡、類風濕性關節炎等，都較容易有眼乾問題；某些藥物都會引起眼乾情況。

改善方法

當感到眼睛乾澀，不妨試試劉醫生建議的方法：

❶ 改善環境因素，例如利用加濕機提升室內濕度；

❷ 使用電子產品時，記得常眨眼；

❸ 充足睡眠，讓眼睛能好好休息；

❹ 如眼乾情況持續，可能需要使用潤眼藥水；睡前塗上具潤滑功能的眼膏啫喱，以保護角膜；更甚者，可能要用紗布遮蓋眼睛，令該位置能夠保持濕潤；

❺ 情況嚴重者，可能需要接受封閉淚頭手術，以防眼淚流失。如有任何問題，應向眼科專科醫生查詢。

幼兒易有鬥雞眼？

專家顧問：湯文傑 / 眼科專科醫生

斜視可俗稱為「鬥雞眼」。據一項研究顯示，大約有 2 至 4% 的孩子患有斜視，一般在 2 至 3 歲時發生，而內斜視有機會發生在孩子 6 個月大的時候。有部份家長錯覺以為孩子患有斜視，但可能只是假斜視，因為幼兒鼻樑闊，眼白減少了，便容易令人誤以為幼兒患上內斜視了。

非直望事物

眼科專科醫生湯文傑表示，於日常生活中，如果家長發覺孩子並非直望事物，帶他們到健康院進行檢查，護理人員會告訴家長，孩子患上斜視，請家長帶孩子尋求眼科醫生診治。

何謂斜視？斜視俗稱為「鬥雞眼」，意思是指雙眼不可以同一方向望同一件物品，其中一隻眼偏斜。湯醫生說，眼睛的移動是靠連接眼球的 6 組小肌

肉控制的。如果其中兩組控制眼球的小肌肉不可平衡轉動,便有機會出現斜視。

原因頗多

導致孩子患上斜視的原因頗多,湯醫生表示,雖然孩子患斜視有遺傳的因素,但比例較低,眼球連接肌肉神經線任何一方發育不完全,便有機會出現斜視。另外,白內障、眼睛受碰撞都有機會出現斜視,但比例亦是較低。

此外,亦有些罕見因素,例如腦部患有腫瘤、雙眼度數偏差大、唐氏綜合症等,都有機會導致斜視。由先天原因引起的斜視,會在孩子較年幼的時候出現,但比例並不多。而治療斜視的黃金時間為 3 至 8 歲,所以,倘若孩子患有弱視,家長必須好好把握治療的黃金時間。

治療 4 方法

當孩子患上斜視時,會對他們的視力及立體感構成影響,必須及早醫治,否則會對孩子的視力造成困擾。而治療斜視主要有 4 種方法:

❶ **佩戴眼鏡:**患斜視的孩子有機會同時有近視或遠視,雙眼度數偏差很大,眼科醫生便會為他們進行驗眼,安排他們佩戴適合度數的眼鏡,以協助改善。

❷ **遮眼訓練:**眼科醫生會把孩子健康的眼遮蓋着,藉以令患斜視的眼睛的視力與健康的眼睛的視力拉近、平衡。孩子必須跟隨指示進行遮眼訓練,原因是遮蓋太久或太短時間,也會影響效果。

❸ **斜視練習:**把一支筆放於與孩子雙眼同一水平的位置,請孩子集中望着筆頭,然後慢慢把筆作前後移動,一前一後移動為一組,每次進行三組,能夠訓練外直肌,改善外斜視問題,也提高專注力。

❹ **進行手術:**倘若方法 1 至 3 也未能改善問題,便要安排孩子進行手術。眼科醫生會根據孩子視軸傾斜度計算做手術的度數,施手術的目的主要放鬆或拉緊眼部的肌肉,過程需要進行全身麻醉,成功率可達 90%。進行手術時,會雙眼同時進行,以達到協調狀態。

自我檢查

如果家長懷疑孩子患上斜視,可以嘗試於家中為他們進行簡單測試。首先請孩子直視前方,家長利用電筒直線照向他們的瞳孔,觀察折射出來的光線。如果光線能夠直線折射出來,代表眼睛健康,沒有問題。相反,如果光線折射時偏離直線,便代表可能患上斜視。最理想還是帶孩子求診,及早醫治。

39 有眼垢
皆因熱氣？

專家顧問：劉凱珊／眼科專科醫生

　　眼垢俗稱「眼屎」，是眼睛的分泌物，經過一晚睡眠，很多人都會出現眼垢，形態各異。有說法指，有「眼屎」是因為熱氣，這是真的嗎？如寶寶出現眼垢，爸媽又應如何替他們清潔？

眼科專科醫生劉凱珊表示，「熱氣」是中醫的說法，西醫並沒有相關概念，故難作評論。但西醫認為，眼睛分泌眼垢是正常的表現，因為空氣中的懸浮物會黏附在眼睛的結膜上，例如灰塵、細菌等，為了將髒物排走，眼睛便會產生分泌，帶走髒物，最後形成眼垢。劉醫生指出，只要眼垢不是緣於眼睛發炎，並且分泌量不過多，便屬正常現象。

結膜發炎

如爸媽察覺到，寶寶的眼垢分泌較平日多，並呈黃色且質地黏稠，有可能是感染了俗稱「紅眼症」的傳染性急性結膜炎。任何人都有機會染上傳染性急性結膜炎，幸而病情一般比較輕微，大部份也可以自行痊癒。一般而言，患者只要接受適當治療，便可於 1 至 2 星期內完全康復。結膜炎可由細菌或過濾性病毒引起，若患上細菌性結膜炎，受感染眼睛會流出黏稠的分泌物，可能呈白色或黃色；而病毒性結膜炎的分泌物則較稀。對於初生寶寶而言，他們較易染上由細菌引起的結膜炎。如果媽媽的陰道本來已受細菌感染，當寶寶經由媽媽的陰道出生，細菌便有可能感染眼睛，引起結膜炎。當懷疑寶寶感染了結膜炎，可帶他們求醫。

小心清潔

劉醫生建議，爸媽為寶寶清除眼垢時，可用沾有溫水的棉球，於其鼻樑內側、眼皮附近位置往外抹走眼垢。她提醒不要反方向抹，也不宜用棉花棒，否則容易誤傷寶寶；為了確保衛生，不宜用水喉水，棉球亦不應重複使用。若然經過多次抹拭，寶寶眼睛的分泌物仍然不斷增加，應馬上求醫，檢查是否患上結膜炎，從而作出適當治療。

保持衛生

要預防感染結膜炎，無論大人抑或寶寶，也要注意個人衛生。在一般情況下，由於寶寶的活動能力較低，而且較少機會外出，故很多時都是被大人傳染。劉醫生提醒，大人在觸摸寶寶前，一定要用梘液徹底洗手；如患上感冒等傳染性疾病，即使在家中亦應佩戴口罩，以策安全。

40 眼屎多
代表 B 上火？

專家顧問：麥超常博士 / 註冊中醫師

　　若說寶寶五官哪個最惹人注目，相信其水汪汪的大眼睛肯定會榜上有名。不過，爸媽有時會發現，寶寶的眼睛有着不少分泌物 (眼屎)，而坊間傳聞指，這與「上火」有關，到底此說法是真是假？

非一定上火

坊間有傳聞指，寶寶如果眼睛分泌物 (眼屎) 較多，即代表他們有「上火」的情況。麥超常醫師對此表示，寶寶眼屎多，不代表他們一定有上火問題。這是因為眼屎的形成，背後有許多原因，例如寶寶抵抗力弱，容易感染到細菌，令到眼睛分泌增加，經過一整晚時間，又不太眨眼，就會出現眼屎。寶寶如果上火，他們其中一個徵狀的確是有眼屎，但有眼屎不一定與上火有關。

上火減淚水

年幼寶寶屬稚陰稚陽，即其陰陽體質尚嫩，均處於不完善、不成熟的狀態，吃點燥熱的東西，就很容易變得燥熱；吃點寒涼之食，則易寒涼。當上火時，患者一般有口乾、大便硬、口氣臭、感覺躁熱、眼睛明顯泛紅等徵狀。而且，因為人燥熱，情況就如燒水般，把淚水蒸乾了，令眼睛的黏液分泌凝結成塊，便會形成眼屎；但若寶寶的眼淚水較多，黏液就會被沖走。

勿直接手抹

如果寶寶眼屎多，爸媽或會用手將其抹走。但其實正確的清潔方法應是使用棉花，再配合生理鹽水去抹除眼屎。特別寶寶抵抗力較成人差，如果手碰巧骯髒，就很容易將細菌帶至眼裏。麥醫師指出，這亦是於流感高峰期時，醫生經常勸病人勤洗手之原因。皮膚抵抗力較眼鼻的黏膜強，不會一碰即被感染；但若是因痕癢，寶寶再去捽眼或鼻，細菌便會帶至該處，繼而造成感染。

下火要留意

寶寶若持續數天都多眼屎，爸媽可留意他們喝水、吃水果等是否足夠，有否熱氣或感冒的徵狀，又或是吃了太多煎炸食物。因為風熱感冒，會減少淚水分泌，導致眼屎增多。如果與上述原因無關，情況並無改善，可讓小朋友喝點清熱的藥或湯水，比方菊花茶、夏枯草等。但是，爸媽要留意，因為寶寶年幼，不適宜吃太多寒涼之食，故事前需要查清楚他們是否真的有上火問題，而不要胡亂嘗試；若沒有而喝，會傷了其身體之正氣。

多望綠色
對 B 眼睛好？

專家顧問：劉凱珊 / 眼科專科醫生

　　隨着電子產品的普及，近視有年輕化的趨勢，不少學童由幼稚園開始便佩戴眼鏡，變成「四眼」一族。常聽說多看綠色事物對眼睛有益，是否有根據？

戶外活動改善近視

眼科專科醫生劉凱珊表示，雖然目前未有研究指多看綠色事物對眼睛特別好，但綠色的波長適中，有助眼睛肌肉放鬆。而且，綠色的景物通常位於較遠距離的地方，眺望遠方有助睫狀體鬆弛，紓緩眼睛疲勞，對眼睛有益。進行戶外活動對眼睛好處甚多，有研究證實，多進行戶外活動和曬太陽有助延緩近視加深，甚至預防近視發生。

劉醫生建議，2歲以下的小朋友不應使用任何電子產品。

劉醫生指出，陽光會促使大腦分泌一種神經傳遞物質，有助減慢近視加深；看遠景則可放鬆眼球肌肉，預防眼球拉長。她引述外國一個研究指，雖然新加坡和澳洲的小朋友進行近距離精密工作的時間差不多，但由於澳洲兒童進行較多戶外活動，接觸陽光和看遠景的時間較長，故他們近視加深的速度較慢，也較遲發生。

3 歲 800 度近視

港人近視越見早發，在劉醫生接觸的個案中，一名年僅 3 歲的小朋友近視高達 800 度，主因其父母以智能手機作電子奶嘴。她不建議 2 歲以下的小朋友使用任何電子產品，因為眼球在這 2 年發育得最快，使用太多電子產品會刺激眼球拉長；沉迷電子產品亦會減少戶外活動的時間，容易誘發或加深近視。

改變習慣控制近視

近視大致可分為先天和後天，先天因素包括受父母遺傳等，已無法改變，但後天因素絕對是可以改善。若小朋友們多做戶外活動，改變經常使用電子產品的習慣，絕大部份近視個案都能得以有效控制。

易視網膜病變

近視深於 600 度便算是深近視，1,000 度以上就是病態近視。近視度數越深，眼球便會拉得越長，視網膜會容易穿洞、脫落，甚至引發白內障、青光眼、黃斑病變等問題。如果年紀小小就開始有近視，長大後很容易演變成深近視，罹患上述疾病的風險便會提高。

42　眼有斑點
有礙視力？

專家顧問：陳偉明 / 兒科專科醫生

　　皮膚及眼睛亦可能長出痣和斑點，要是媽媽發現寶寶眼中出現斑點，當然會大為緊張，眼科醫生卻指這不會有礙健康。然而，倘若突然出現急劇的變化，媽媽便要加以小心。

　　寶寶的眼睛長有斑點或痣，原因可能與媽媽所使用的分娩方法有關；此外，亦與寶寶的種族息息相關。基本上，縱使寶寶真的有以上提到的情況發生，父母也不用過份擔心，因有些只是暫時性的，隨着寶寶漸漸長大後，便會不藥而癒。

陰道擠壓致紅斑

寶寶眼中出現的痣及斑點，一般有紅色及黑色之分；若寶寶剛出生後，眼白已經出現紅斑，可能是因他們在出生時，頭部被母體的陰道強烈擠壓，使其眼部的微絲血管爆裂所致。這個問題並不嚴重，即使寶寶不接受任何治療，一般會在數天至一個星期左右便會痊癒。

縱使寶寶並非初生，也有機會出現類似的情況，但亦有可能是結膜炎或創傷所致。所以如果寶寶的眼睛有任何紅斑或不適，媽媽應該及早帶同他們去求診，確保其視力正常健康。

黑痣無礙視力

至於寶寶眼白若呈現黑色或深啡色的黑色素痣及黑色素斑，絕大多數是天生的，是由於其眼白顏色不均勻所致。不過，這些痣和斑或許原先不被肉眼所看見，但隨着年紀日漸增長，黑色素痣會慢慢變大而呈現出來。

即使如此，一般情況是不會對寶寶的視力造成壞影響，亦不會對其健康構成威脅，因為它們屬於良性，只會生長於眼白的表面，不會影響眼球。

黑種患者較多

原來不同膚色的寶寶，他們的眼睛出現斑點及痣的機會，也會有明顯的差異。在黑皮膚的人種上，黑色素痣及黑色素斑所出現的機會較高；相比之下，黃種人出現的成數不算太多，而白種人則更少之又少。

黑色素瘤或需電療

雖然黃種人的眼白出現黑色素痣及黑色素斑的機會不算太多，而且它們對身體一般都不會構成任何害處。

可是，倘若在短短數個星期的時間，寶寶眼睛的斑點出現明顯變化，便可能是黑色素痣病變，形成惡性黑色素瘤，媽媽需要多加留意。常見的情況如下：

- 斑點的數量突然增多
- 斑點的面積突然明顯擴大

雖然黑色素瘤比較罕見，但由於屬於惡性，有機會擴散並入侵眼球內的組織，故此媽媽若果有任何懷疑，應及早帶寶寶求醫。

43 唔熄燈瞓
B易有散光？

專家顧問：劉凱珊 / 眼科專科醫生

ZZZZZ…

在伸手不見五指的黑夜裏，小寶寶可能會感到害怕而不願關燈睡覺。曾聽說亮着燈睡覺會引發散光，到底是否屬實？如寶寶真的很害怕，又有何折衷的辦法？

毫無根據

劉凱珊醫生指，此說法並無根據。因為睡覺時眼睛會閉上，即使把燈開着，光線也不會進入眼球，影響眼睛結構。雖然開燈睡覺不會引致散光，但卻會影響睡眠質素。劉醫生建議，若小朋友怕黑，可考慮安裝小夜燈。

勿長期大力捽眼

究竟散光是怎樣形成？劉醫生解釋，散光指眼角膜凹凸不平，令眼睛屈光不正常，光線不能準確地聚焦在視網膜上，導致視力模糊。散光的原因主要有二：第一是天生，很多散光患者天生有角膜不平的問題，暫時未知確實原因；第二是捽眼，長期用力捽眼會令角膜受損。有些小朋友受濕疹等問題影響，眼睛痕癢非常，於是不停地用力捽眼，長年累月之下或會引發散光。

暫時性散光　可恢復

散光和近視一樣無法逆轉，但暫時性散光則除外。有時候，小朋友因過度捽眼或眼乾等問題而令角膜被刮損，都有可能引致暫時性散光。此時，便要透過藥物治療，看看散光能否得到改善。萬一情況持續，便要佩戴眼鏡。港人患散光的情況也是非常普遍，對於小朋友來說，散光達 100 度以上便算是深散光，會影響視力，和近視一樣需要佩戴眼鏡，否則容易引發弱視。

易變弱視

弱視指眼睛的潛質發展不佳，即使佩戴眼鏡，都無辦法完全看清眼前之物。若小朋友年紀還小，在適當治理下可以矯正過來。例如遮眼鍛煉，每日定時遮蓋正常眼睛，以鍛煉弱視眼，但年紀越大便越難糾正。眼睛是靈魂之窗，如家長發現小朋友有任何視力問題，應馬上求醫，以免錯過治療的黃金時間。

寶寶長期用力捽眼，有機會令角膜受損，引發散光。

44 點解孩子 經常流鼻血？

專家顧問：溫希蓮 / 兒科專科醫生

　　不知家長有沒有發覺，年幼的孩子經常都會流鼻血，但當他們年紀漸長，這情況會逐步減少。家長可能會想孩子是否吃了上火的食物，或是否不小心撞倒令鼻子受傷，因而流鼻血。年幼孩子常流鼻血，主要是因為他們鼻黏膜較薄，以及他們常挖鼻孔所致，長大後情況便可改善。

　　兒科專科醫生溫希蓮表示，從前，每當孩子流鼻血，家長總是安排孩子仰臥，然後在他們額上敷上濕毛巾，認為這樣能夠止血。事實上，這方法並不奏效，反而會弄巧成拙，令鼻血倒流入喉嚨，讓孩子嘔吐。其實幫助孩子止鼻血並不困難，只要用食指及拇指捏着兩邊鼻翼便可以了。

鼻黏膜較薄

很多家長會疑惑，為甚麼年幼的孩子總是常流鼻血？他們是否吃了上火的食物，或是鼻子碰撞受傷引致流鼻血？

兒科醫生溫希蓮表示，3 至 8 歲的孩子最常出現流鼻血的情況，有些 2 歲的孩子已經常出現流鼻血的問題。家長可能會感到非常擔心，特別是新手父母，擔心孩子是否患有甚麼嚴重疾病，其實幼兒常流鼻血是非常正常的，原因是他們的鼻黏膜比較薄，加上他們喜歡挖鼻孔，因此，便容易出現流鼻血的情況，家長不必過於擔心。

正確止血方法

以往每當流鼻血，家長總是請孩子仰臥於床上，然後在其額上敷上濕毛巾，認為這樣做能夠有效止血。

溫醫生說雖然這方法經常使用，但並不代表它是正確及有效，原因是當孩子仰臥時，鼻血會倒流入喉嚨，引致嘔吐，令孩子更感不適。最有效的方法，是讓孩子安定坐於椅子上，然後用食指及拇指按緊鼻孔最下柔軟的位置（鼻尖後方位置），時間大約為 10 分鐘，便能夠止血。流鼻血通常在鼻中間較前和低的位置，所以，當孩子流鼻血時，按這位置才有效止血。

減少挖鼻孔

流鼻血的原因，主要是因為鼻黏膜乾燥，加上孩子時常挖鼻孔、用手揉鼻、用力打噴嚏及上呼吸道受感染所致。要預防孩子流鼻血，最有效的方法，是家長教導孩子不要時常用手接觸鼻子，當天氣乾燥時，可考慮使用噴濕機或使用噴鼻鹽水。

一般情況，使用適合的方法止鼻血，可以在 10 分鐘內止血，如果未能止血，可能是止血的方法不正確。如果方法正確，但依然未能止血，便要考慮求醫。未能止血或有其他罕見的原因，例如鼻內有異物（玩具等）、鼻竇炎、鼻瘜肉、結構問題或血液凝固出現問題。

10 歲後情況改善

通常孩子到 10 歲以後，流鼻血的情況便會減少。原因是他們已不再像從前般時常挖鼻孔，以及減少用手接觸鼻子，這樣便能夠減少流鼻血的次數了。

45 腳跟唔到地 是否有病？

專家顧問：何學工 / 兒童免疫及傳染病科專科醫生

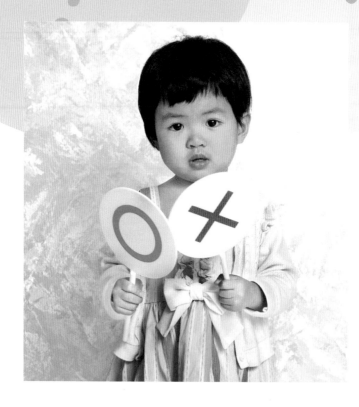

　　大家可能都會留意到，許多幼兒走路時，總是蹬起腳尖，腳跟不到地走路。大家可能會想，他們的小腳是否出現了甚麼毛病？如果是家長的，甚至可能會考慮帶孩子求診。根據醫生表示，如果孩子一切正常，智力沒有問題，即使他們長大了也這般走路，也是正常的。

　　兒童免疫及傳染病科專科醫生何學工表示，家長可能會認為孩子蹬起腳尖走路並不舒服，當上斜路或落斜路時怎麼辦？醫生說，以這方式走路的幼兒，

他們自己覺得舒服便沒有問題，當他們走上或落斜路時，腳跟自然會着地，走斜坡時便沒有問題。

大部份沒有問題

如前所述，相信許多人看到幼兒蹬起腳尖，腳跟不到地地走路，第一時間必然認為他們出現了毛病，認為他們的神經線或筋腱有毛病，所以才這樣走路。而事實上，大部份以此方式走路的幼兒，他們的神經線或筋腱都沒有甚麼毛病。兒童免疫及傳染病科專科醫生何學工表示，根據外國的一項統計，2歲開始走路的幼兒，每100人中便有5人是以這方式走路，而且經過檢查，這群幼兒並沒有患上任何疾病，這是正常的走路方式，當這些幼兒到了5歲半左右，大部份走路方式會改善，與一般人無異，但即使沒有改變，仍用舊有的方式走路，也屬於正常。所以，家長不必太過於擔心。

智力正常沒有問題

何醫生指出，倘若家長察覺幼兒如此走路，擔心他們身體出現甚麼毛病。何醫生表示，家長最重要是觀察幼兒以這方式走路之餘，身體其他部位及智力是否有毛病，家長可以留意幼兒的身體機能是否一切正常，肌肉發展是否亦都正常，亦可以安排他們到醫生處檢查，檢查他們的背部，如果檢查結果一切正常的話，家長便不用擔心。

自動調節

家長可能會問，幼兒這樣蹬着腳尖，怎樣能走上斜坡或走落斜坡？何醫生說，當以這樣方式走路的幼兒上或落斜坡時，他們會自動調節走路方式，上斜坡及落斜坡時，他們的腳跟會着地，令他們能夠在斜坡上順利行走。

事實上，幼兒可以透過物理治療，進行適合的檢查，如果檢查後發覺是因為他們的腳筋比較緊，物理治療師會教導幼兒進行一些拉筋運動，只要持之以恆，情況一定會改善。

必須醫治

有些情況，家長必須正視，並安排幼兒求診。倘若家長察覺幼兒除了以這方式走路外，他們更患有自閉症、神經出現問題、對其他人不理睬，如出現這些行為特徵，就有可能是他們的腦神經出現問題，必須求診以找出病因，及早治療。

細個肥
唔係真肥？

專家顧問：張傑 / 兒科專科醫生

　　看到寶寶肉嘟嘟的可愛臉頰，大人總是恨不得咬一口，並認為他們福氣十足。其實，為想寶寶能快高長大，再加上坊間有「小時候胖不是胖」的傳聞，爸媽或會努力地讓他們多吃。到底這個傳聞孰真孰假？

棕色脂肪

有些爸媽因擔心寶寶營養不足，故希望他們能吃得肥肥白白，並相信「小時候胖不是胖」的傳聞，認為他們長大以後就會瘦下來。若寶寶真的只是「嬰兒肥」，爸媽的確可不必擔心，因嬰兒時期長的是具有代謝功能的「棕色脂肪細胞 (Brown adipose)」，它們會將脂肪轉化，幫助身體產生熱能，有保護嬰兒的功用。

長大易胖

不過，自幼兒時期起，身體則開始長出用來儲存熱量的「白色脂肪細胞 (White adipose)」，當它們大至超出負荷時，就會分裂出新的細胞繼續儲存脂肪，造成易胖體質，寶寶將來想燃脂減肥亦會十分困難。兒科專科醫生張傑提醒，「小時候胖不是胖」並非真正的醫學現象，增高和增重之間沒有因果關係，故爸媽不要預計寶寶長大後一定會變瘦，而不去好好控制他們年幼時的體重，使其體內脂肪細胞數量較一般人多，有更多空間去儲存脂肪。

肥胖問題

有外國研究指出，若寶寶入讀幼稚園時體重過重，到了初中時，他們變胖的機會是體重正常的寶寶 4 倍。兒童過重可延續到青少年及成人階段，長大後持續肥胖的比例亦會偏高。這也會增加他們罹患與肥胖相關疾病的風險，包括：高血壓、糖尿病、冠心病、癌症和中風等，且容易性早熟，也不利於長高，還會影響寶寶的自我形象和自信心，影響其社交發展，深受體形帶來的困擾。

健康習慣

若爸媽想避免寶寶出現過重的情況，最重要的是家人之醒覺，先戒除「小時候胖不是胖」、「吃得是福」和「越胖越健康」等的錯誤概念，這樣就不會給過量的食物予寶寶。同時，爸媽應該自小幫助寶寶培養良好的運動習慣，減少高熱量、高膽固醇、高鹽和高糖份的飲食攝取，以及由醫護人員定時監察其生長指標。若果在早期發覺問題，並作出改善的話，過重情況是可以控制的。

47　BB 越肥越健康？

專家顧問：梁寶兒 / 兒科專科醫生

　　傳統中國人認為肥是一種福氣，所以，長輩都覺得小寶寶長得越肥，代表家庭環境越好，寶寶亦越健康。事實上，寶寶肥胖表面上很可愛，但太過肥胖會為他們帶來很多健康問題，甚至影響其長大後的自尊感及社交生活。

嬰兒多重才正常？

　　兒科醫生梁寶兒表示，正常剛出生的寶寶，他們的體重為 2.5 千克或以上，從出生至最初 3 個月，每日會增加 30 克；到 3 至 6 個月大，每日會增加 20 克；後半年每月增加 300 至 400 克。寶寶出生最初 4 個月的體重是剛出生時的兩倍，到他們 1 歲時，其體重是剛出生時的 3 倍，由此可見，寶寶出生後首半年生長得最快。

注意年幼時體重

很多長輩認為寶寶越肥越健康，越肥越有福氣，事實並不盡然。梁醫生說，於外國曾經進行一項研究，證實肥並不健康的，這項研究發現，很多人於年輕時期已經肥胖的，他們於 5 歲時已經開始肥胖，倘若他們 3 歲已經患有肥胖症的，當他們長大後都必然是肥胖。如果小朋友 6 歲時仍然肥胖的，至成人階段時亦必然是肥胖。

帶來慢性病

事實上過重會為孩子帶來許多問題，而最重要是影響健康。首先過重會為孩子將來帶來許多慢性疾病，例如血壓問題；由於雙腳需要承擔上身的重量，長期如此受壓，導致下肢彎曲、關節疼痛、出現睡眠窒息症、產生焦慮情緒，以及身體健康出現問題。如果一直沒有解決肥胖問題，將來會出現肥胖症，導致更多健康問題出現。

此外，肥胖孩子在學校很多時會成為其他孩子取笑的對象，他們的朋友比較少，因此，肥胖對於孩子的社交生活都會帶來影響。

致肥原因

導致孩子超重有許多不同原因，值得家長了解關注：

- 遺傳因素，內分泌問題；
- 孩子整天只是看電視、玩平板電腦及智能電話，不做運動；
- 經常吃垃圾食物，例如糖果、薯條、汽水、雪糕；
- 有研究顯示，如果在餓荒時懷孕，孩子出生長大後，他們患糖尿病的機會會上升。

留意各方面是否正常

如何避免孩子超重？其實主要看他們的成長情況而定。梁醫生指每人的胃口都不一樣，家長最重要留意孩子在進食後是否能夠安睡，他們每天大、小二便的排泄次數是否正常，體重、身高增長是否在正常軌道上。如果他們各方面都沒有問題，能夠依據正常軌道成長，即代表他們並沒有超重。

梁醫生說每個人的胃口也不一樣，以成年人為例，有些人吃很多東西都不會超重，但有些人只是吃少量東西，體重亦會超標。所以，家長只要留意孩子成長是否正常便可以。

BB 胎痣
同孕期有關？

專家顧問：歐陽卓倫 / 兒科專科醫生

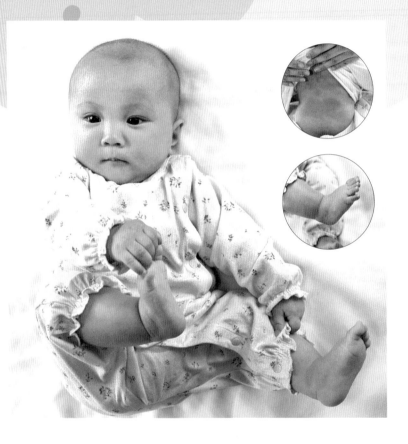

　　關於胎痣，坊間有各種傳說。西方將胎痣雅稱為「天使之吻」，而在東方則有「前世的記號」之說。坊間流傳這種自母腹中出來便有的印記，與懷孕期間媽媽的日常活動或環境有關，是否屬實？胎痣是否會對寶寶發育帶來影響？

隨機出現

人們嘗試以不同傳說去解釋胎痣的出現原因，為這寶寶常見的印記增添神秘感。兒科專科醫生歐陽卓倫指出，胎痣的出現的確沒有特別外在原因，更與坊間流傳在母親懷孕期間，是否身處污染環境、經歷曝曬、飲食和生活習慣或寶寶的遺傳因素無關。歐陽醫生解釋，胎痣是由於人體皮下某些顯示得較為明顯的皮下色素細胞形成，或是皮膚下的微細血管擴展而產生。胎兒在形成和發展過程中，這些細胞會按不同比例隨機排列，所以寶寶是否有胎痣、生長的位置和種類，也是隨機出現。

常見類型

胎痣可因其形態分類，而不同族裔的寶寶，常見的胎痣也有不同。東亞裔寶寶常見在臀部、下腰椎出現紫藍色的印記，因色素所致，這類胎痣因而稱為「蒙古斑」。另一種被稱為「送子鳥咬痕」（stork mark）的紅色胎痣，由微細血管擴展而形成，多在西方寶寶的前額、頸椎、背部等部位出現。另外，初生寶寶亦有機會出現一些稱為「士多啤梨痣」的大血管痣，呈紅色，且稍從皮膚中突出，或者出現機率較低的不規則暗紅色「酒紅色斑」（port wine stain）。

待自然消失

歐陽醫生指出，絕大部份胎痣屬良性，有 80% 寶寶於 2 至 3 歲時，身上的胎痣會慢慢變淡至消失，故大部份情況下不需要作特別治療。一些大面積、突出且較明顯的「士多啤梨痣」，較容易被寶寶抓損而引致感染，所以醫生會就一些個案處方藥物控制，但該藥物必須在醫生指導下服用，其副作用有機會影響心臟和血壓。另外，「酒紅色斑」的形成或與腦部血管有關，與上述各種胎痣相比下，「酒紅色斑」或較難自然地褪去。

或影響心理

現時胎痣的「治療」方法主要是激光治療，使其減淡或褪去，不過歐陽醫生認為，當胎痣的生長影響着寶寶正常活動，或生長在臉部，影響美觀而對寶寶成長過程造成負面心理影響，才建議進行激光治療。由於胎痣會慢慢消失，所以家長可先觀察，待寶寶十多歲時才考慮進行激光治療，較為適合。

49 親吻 BB
變惡菌之吻？

專家顧問：李志謙 / 兒科專科醫生

近年越來越多駭人的新聞，指寶寶被親吻臉頰、嘴唇後，感染惡菌，甚至死亡。加上春季仍是流感高峰期，爸媽會擔心輕輕一吻，病菌就如入無掩之門，攻擊免疫力低的嬰幼兒。「一吻」傳播的疾病真有如此可怕？父母應如何預防？

唾液 = 病毒傳播媒介

兒科專科醫生李志謙指出，引致呼吸道疾病的病毒和細菌，透過空氣中的水滴傳播，並存在於唾液、鼻分泌物中。故此，親吻寶寶與咳嗽、打噴嚏等行為一樣，均是飛沫傳播病菌和病毒的途徑。常見呼吸道疾病包括流行性感冒、百日咳等。成年人和寶寶均有機會因帶菌飛沫染上疾病，而寶寶的免疫

力遠較成年人低，一旦患上呼吸道疾病，可能引致其他併發症。若父母或寶寶身邊的人患有上述疾病，應避免親吻或接觸寶寶。

談疱疹色變？

在一些寶寶因被吻而感染重病的案例中，經常見「疱疹」一詞，「疱疹」是甚麼惡性病毒？單純疱疹病毒常見有兩型，其中常出現在嘴、唇部的是單純疱疹病毒一型，可透過飛沫、直接接觸傳播，引致唇瘡。另一種因中文名相近而容易被混淆的「人類疱疹病毒」，即 EB 病毒，會引致發燒、淋巴核腫脹等，但罕見情況下，或引致腦膜炎等併發症。以上兩種病毒，一般情況下只需及早治療、透過休息即可紓緩；但感染後會潛伏在人體內，很可能在不知情下，透過親吻傳播給寶寶。

帶妝忌吻寶寶？

很多媽媽都知道化妝品含有害人體的重金屬和化學物質，對成年人尚且傷皮膚，何況嬌嫩的寶寶？濃妝中含有的物質除了「傷皮膚」，本身並不具疾病傳染性。但成年人本身患有皮膚感染，包括因不定期清潔化妝工具或更換化妝品、與人共用化妝品和化妝工具而感染皮膚疾病，就應避免親吻寶寶，否則很可能致寶寶皮膚感染、患皮膚炎。

勿以嘴餵哺

一些受污染的食物亦可傳播疾病，故應避免把食物咀嚼碎後餵哺寶寶，甚至嘴對嘴餵哺。成年人患有呼吸道疾病，有機會透過經咀嚼食物裏的唾液，將疾病傳染給寶寶。除此之外，若成年人患有牙周病、齲齒等口腔疾病，口腔內藏有大量細菌，極容易透過咀嚼後的食物傳播疾病。

「距離」產生愛

親吻是表達愛的重要方式，能增加寶寶安全感。其實，爸媽親吻寶寶前需留意以下事項，必要時拉開適當「距離」，也是表達愛的方式：

❶ 患病或處於免疫力差的時候，應戴上口罩；平時勤洗手，接觸寶寶前更應徹底清潔雙手。

❷ 寶寶免疫力低，盡量接種疫苗，預防傳染病入侵。

❸ 因不清楚他人身體狀況，故不應讓陌生人親吻寶寶，盡量勸喻親友避免親吻孩子。

BB 冷親
會傷風感冒？

專家顧問：洪之韻 / 兒科專科醫生

　　冬天天氣寒冷，很多爸媽都會擔心寶寶因穿不夠衣服而着涼，因而患上傷風、感冒。其實「冷親會病」的觀念是否正確？着涼後真的會較易患病嗎？在日常生活中，有甚麼方法能有效預防感冒？

無直接關係

兒科專科醫生洪之韻表示，着涼和傷風感冒並無直接關係。轉季後，很多人都出現打噴嚏、流鼻水的徵狀，大部份是由於氣溫下降，我們的鼻腔或氣管受冷空氣刺激而出現輕微流鼻水等徵狀。如果情況屬於偶發性，鼻水少而清澈，其實並無大礙。家長要注意的是寶寶晚上有沒有鼻塞，如果有影響睡眠，應該要看醫生。絕大部份傷風和感冒都是由病毒引起，只是單純着涼並不會引發，而着涼亦未必會影響免疫力，令寶寶容易患病，故爸媽毋須太擔心。

着涼鼻水清

如上文所言，如寶寶打的噴嚏是「一個起、兩個止」，而且鼻水較少而清澈，很大機會是鼻敏感。至於傷風和感冒的成因，大部份由病毒引起，傷風是「Common Cold」，例如因為感染鼻病毒 (Rhinovirus)、副流感病毒 (Parainfluenzae virus)、呼吸道合胞病毒 (RSV) 而出現流鼻水、打噴嚏、鼻塞等；感冒是「Flu」，一般是指流行性感冒病毒 (即流感)，病情較嚴重的傷風，同樣有流鼻水、咳嗽等病徵，同時伴有身體疲累、發燒等徵狀，鼻涕黏液較多。

宜持續觀察

如果寶寶流的鼻水少而清，爸媽可繼續觀察，當發現他們因鼻塞而影響呼吸和飲奶，可用生理鹽水替他們洗鼻，甚或使用吸鼻器紓緩徵狀；如寶寶出現發燒情況，應立即帶他們求醫。另外，如果寶寶的徵狀於晚間特別嚴重，甚至影響睡眠，爸媽應加強警覺。洪醫生指，人體於熟睡時，一般要有強烈信號才會醒來，若寶寶半夜咳醒，甚至咳至氣喘，便有可能是支氣管炎、肺炎、氣管敏感或哮喘等影響下呼吸道的疾病，不容忽視，應立刻求醫。

預防三要訣

由於大部份傷風感冒是由病毒引起，而病毒可經由飛沫傳播，所以生病時應戴上口罩，沾上鼻涕等分泌物便要更換；人體在生病時，體質比較差，容易交叉感染，令病情反覆，故病人應留在家中休息；勤洗手，以清水和梘液沖走手上的細菌和病毒，有助預防疾病。

51 首次感冒
幾時睇醫生？

專家顧問：梁寶兒 / 兒科專科醫生

　　成年人若發現自己有感冒徵狀，例如喉嚨痛、咳嗽、頭重重等，可能會選擇眠一眠再吃個奇異果，頂多再加一粒成藥，望靠抵抗力復原！然而若情況發生在第一次感冒的寶寶上，家長又可如何應對這特別的第一次？

天然保護

　　感冒症狀可由不同病毒引發，常見的有季節性流感病毒、腸病毒。梁寶兒醫生稱懷孕過程中母體會經胎盤傳送抗體保護嬰兒，這些抗體可以維持到寶寶大約半歲。另外若用母乳餵哺寶寶，抗體亦會透過母乳傳到寶寶身上，故

新生嬰兒出生首 3 個月都有一點保護，較少出現感冒症狀。然而到寶寶 5 至 6 個月時，母體提供的抗體開始消散，他們要開始依靠自身免疫系統保護自己，受細菌感染機會隨之增加。梁醫生補充，若嬰兒出生 3 個月內發燒，情況會令人擔憂，特別因為他們不懂表達自己，身體又比較幼小虛弱，一旦出現併發症後果可能更嚴重。有些病症的病徵跟感冒相似，故梁醫生強調 3 個月以內嬰兒如出現感冒徵兆、進食異常及發燒的話，爸媽務必盡快帶他們求醫。

紅旗徵狀

　　梁醫生指年幼子女如有以下異於平常表現，家長必須留意並及早向值得信任之醫生求診，紅旗徵狀包括：感冒徵狀加發燒、沒精打采、比平常睡得特別多、身體發軟、無神無氣、食慾不振、出疹，甚至腦癇症徵兆如失去知覺、四肢抽搐。當然不會所有寶寶生病時情況也如此高危，若發現寶寶有呼吸道感染徵狀如咳、流鼻水，但他們仍十分精神，有活力玩、食慾正常亦睡得好的話，家長就可以視乎情況決定需否前往求醫。

嚴重後果

　　一般感冒維持 3 至 5 天，然而根據過往經驗，梁醫生提醒有些嚴重感染或疾病例如肺炎、腦膜炎等，初期病徵與輕微感冒病徵類似，若延誤醫治，可引發嚴重併發症，甚至有生命危險，亦曾見有心足口病人感染腸病毒，並出現脊髓神經細胞受損的情況。另外，如在感染流感病毒的同時染上其他病菌或病毒，兩種病加起來亦會增加併發症的風險。所以患病幼兒應留在家裏多休息，減少染上第兩種病菌或病毒的風險。

照顧 checklist

　　要照顧年幼生病孩子，照顧者可特別留心以下注意事項：
- ✔ 確保孩子吸收足夠食物、水份、營養，需要時可請醫生處方電解質補充劑。
- ✔ 若孩子出現流鼻水、鼻塞的話，有可能導致他們吃奶時出現呼吸不適，要多加關注。
- ✔ 每 4 小時要量一次體溫，生病時體溫尤其會時高時低，千萬別以為量了一次沒有發燒就不用再量度。
- ✔ 用物理方法助孩子保持身體溫度適中，穿合宜衣服、足夠休息，別打算替孩子焗一身汗就可以讓他們康復。

52 拒絕抗生素 得唔得？

專家顧問：張傑 / 兒科專科醫生

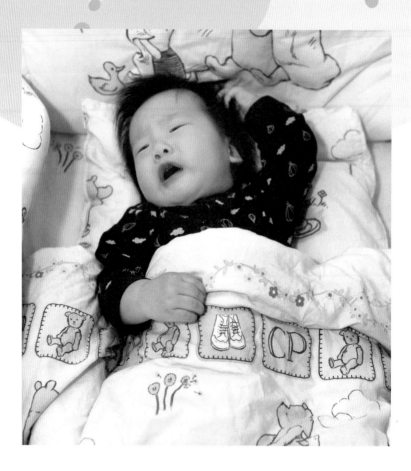

　　近這幾年，爸媽越來越主動參與在治療上的意見，這毋庸置疑是一個正面的做法，因為只要爸媽更加了解醫護人員的想法，就能夠更加配合醫生的治療，以及減少不必要的後遺症。由於現時爸媽越來越擔心使用抗生素，所以都會拒絕醫生處方抗生素的治療方法。到底可不可以？

抗生素減少出現併發症

兒科專科醫生張傑認為大家應該知道，常見引起我們生病的病菌是過濾性病毒和細菌。當醫生懷疑致病原為細菌，並且擔心發炎情況會容易惡化時，便會考慮處方抗生素。抗生素主要是「減少出現併發症」和「可縮短病程」兩方面的作用，但是卻不一定能加快復原和不可以治療非細菌性感染。

拒絕抗生素 5 大考慮

所以，無論是甚麼原因，如果爸媽不願意在孩子身上使用抗生素，是可以理解的，因為他們認為抗生素或者會令孩子的身體出現不良的影響。可是，爸媽必須要明白在跟進孩子的病情上，要有特別的方法，以下由張傑醫生綜合 5 方面意見給爸媽考慮：

❶ 需要加重其他藥物的份量

舉一個例，如果病人扁桃腺發炎和有化膿性跡象，由於出現很強烈的痛楚，所以在止痛和消腫方面的藥物，需要多一點。

❷ 需要服食退燒藥長一點

某些細菌引致的發炎會併發「高燒」，在沒有處方抗生素下，病情會持續長一點，所以用退燒藥的時間和次數也會相應長一點。

❸ 一定要按時覆診

由於會增加併發症的機會，所以一定要在急性期及過後定時覆診，以確保盡早發覺可能出現的併發症，例如急性中耳炎康復後，有機會出現中耳積水和膿泡。雖然不用抗生素也不一定有問題，但是定期檢查中耳的情況卻是必須的，在病症急期，約兩、三天便需要覆診一次。之後，首 14 天也要再跟進中耳的臨床表現。

❹ 需有施手術的心理準備

細菌性的感染可以出現化膿性的變化，尤其是抵抗力欠佳和沒有使用抗生素的情況下，出現膿泡的機會會增加。一旦出現了膿泡，就算即時使用抗生素也不能夠奏效，因為抗生素不能進入膿泡的中心，所以，免不了需以施手術清除的機會。

❺ 不可外遊

由於病情或有機會出現萬千的變化，所以最好留在本地，以便原來的醫生跟進，因為在外地時出現問題，當地的醫生未必能夠完全理解病人的背景，因而容易造成更多誤會。

53　手足口病
如何預防？

專家顧問：梁永堃 / 兒科專科醫生

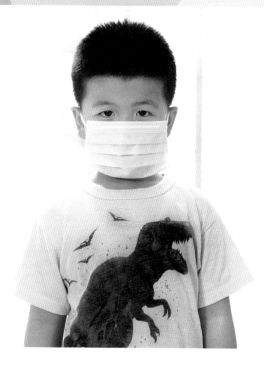

　　手足口病是一種常見的兒童傳染病。由於香港是個溫熱帶的地方，因此全年四季也有兒童確診手足口病的個案。香港的手足口病高峰期為五至七月，而十至十二月亦有機會出現較多的確診個案。

初期症狀

　　兒科專科醫生梁永堃指，手足口病的初期症為輕微發燒、喉嚨痛、疲憊和胃口變差等；緊接而來的症狀是手腳出現細小的紅點、起水泡、嘴巴潰瘍及疼痛。雖然病名為手足口病，但在臀部出現皮疹亦很常見。

傳播途徑

手足口病是一種腸病毒，大人和小朋友都可被感染。它的主要傳染源為糞便，第二傳染源為經過呼吸道的分泌物，所以，當寶寶接觸患者的鼻部或喉嚨分泌物、唾液、穿破的水泡、糞便，或觸摸受污染的物件，均有機會受手足口病病毒感染。患者在病發的首星期最具傳染性，即使康復後，病毒仍可經由其糞便排放達數星期。

自然痊癒

在眾多常見的兒童有機會患上的傳染病中，手足口病的情況屬輕微至中等，病毒潛伏期為三至七天。大多患者只要多喝水和有充分休息，大概七至十天便會痊癒。可是，小部份患者病情會較為嚴重，例如發高燒、嚴重口腔潰爛、全身起很多皮疹，之後更會出現脱皮和指甲剝落等情況，情況會較辛苦，儘管如此，其後也會痊癒。需留意的是，若寶寶感染 EV71 腸病毒，有機會引起併發症，例如腦炎、腦膜炎、心肌炎或心瓣膜炎等。不過，這些都是比較嚴重和危險的併發症，並不常見。

藥物紓緩

現時來説，沒有特效藥可以殺死或消滅手足口病病毒。患者感染後，要靠自身的抵抗力來恢復健康；除了抵抗力外，亦有藥物可減輕相關症狀，例如紓緩發燒和口腔潰爛引致的痛楚。有時候寶寶胃口不好、口腔潰爛太嚴重或進食有困難時，可嘗試流質的食物，令寶寶容易進食。如患者的情況沒有好轉，應立即求醫。

預防方法

預防其他人感染手足口病是相當重要的，寶寶無論在家中、幼兒園、託兒所等場所，都很容易與身邊人有親密的接觸。無論身邊的寶寶或大人，均存在很大的機會感染手足口病病毒。為避免把病毒傳染給別人，患手足口病的寶寶應避免上學和參與集體活動；如感染 EV71 腸病毒等情況嚴重的患者，應在康復後留在家中休息兩星期才回校復課，確保不會將病毒傳染他人。另外，手足口病病毒亦會透過接觸受感染的物件傳播，因此應保持雙手清潔，尤其是照顧完患病的寶寶、清理糞便和換尿布後，千萬不能掉以輕心，因病毒會殘留在糞便數星期或以上。同時，個人護理和清潔方面也不可以鬆懈，應勤消毒和清潔家具、玩具和公共用品等。無論成人或寶寶都有機會感染手足口病，因此必須勤洗手，令受感染的機會減至最低。

54

初吃固體
會容易嘔？

專家顧問：張傑 / 兒科專科醫生

　　坊間流傳，當寶寶開始由吃奶轉吃固體食物後，或會因喉嚨敏感而導致嘔吐。究竟這說法是真是假？寶寶從吃奶至吃固體食物的過程，又是怎樣？

6 個月大開始

　　一般來說，寶寶需要到 6 個月大，才可以開始學習吃固體食物，原因是他們的口腔肌肉控制開始成熟，而吐這個反射動作，在這個年齡會逐漸消失，這才可使父母順利餵食。

　　寶寶要學習由吃奶的吞嚥方法到半固體食物，當中並不涉及咀嚼的過程；但若轉食固體食物的話，由於其體積較大，且黏性較高，所以舌頭和口腔肌肉的活動，寶寶都需要重新學習和調節。

嘔吐機會少

　　張傑醫生表示，當寶寶由吃奶轉為半固體食物時，嘔吐的機會不多。然而，若寶寶真的嘔吐，原因通常不是食物的問題，而是他們不喜歡或未能適應固體食物的口感。

　　因此，寶寶或會故意出現嘔吐反應，目的是叫父母不要再餵哺，就如寶寶大哭大鬧一樣，就是為了反抗。

調節份量

　　如果寶寶剛開始接觸半固體食物時，常有嘔吐情況出現，父母可在餵食的份量上作適當的調節，但不可因而放棄讓他們轉吃半固體食物，否則會讓其誤以為「反抗」成功，之後更難吃其他不同種類的食材，父母宜堅持到底。

　　另一方面，父母餵食的食物亦應該注意營養的平均攝取，包括各式蔬果、魚類、肉類等，並在一開始時應該按部就班地餵寶寶吃不同類型的食物，讓他們適應及減少食物敏感的風險，當然，父母亦要避開一些容易令寶寶敏感的食物，如堅果、海鮮類等。而在餵食方法上，父母亦要注意，應按寶寶的成長階段而使用不同的餐具，而隨着寶寶的咀嚼能力增加，半固體食物亦不宜弄得太過「幼細」。

與能力無關

　　然而，寶寶接觸半固體食物後，會否出現嘔吐，反應因人而異，媽媽不用擔心。張醫生稱，這個學習過程，有些寶寶較容易適應，有些寶寶則需要較長時間去調節。基本上，這與能力無關，也不是聰明與否的問題，就像高矮肥瘦一樣，沒有好壞之分。

　　其實，這是一個自然的過程，只要父母讓寶寶建立均衡飲食，勿因他們的情緒而放棄；而且，寶寶的胃口與大人一樣，偶爾也會有轉變，反而教曉其餐桌禮儀更為重要。

55

嘔吐
點先要入院？

專家顧問：任君慧 / 言語治療師

　　嘔吐的感覺總是異常難受──從胃部開始不適，再慢慢向上膨脹⋯⋯雖然可能將胃部的東西吐了出來後會舒服一點，但是當胃酸在食道、口腔時，那感覺也實在不好受。正因為種種可怕的回憶，當父母遇到孩子有嘔吐的情況都會特別緊張。

嘔吐的主因

　　大部份嘔吐都是由病菌感染引起，這類嘔吐一般沒有即時危險，所以如果父母認為孩子是這個情況，便可先自行觀察 24 小時。因病菌引起的腸胃炎

大概有以下特徵：嘔吐物中只是未消化的食物和酸水、或許有腹瀉、肚痛、仍然能夠行動、精神不太差等。張傑醫生指，有不少腸胃炎情況，在經過休息後便會有所改善。在這期間內，就算有輕微脫水的情況也不會有危險。他亦建議家長透過以下方法讓子女的腸胃休息：不必強迫進食、保持水份吸收，但是也不要太勉強、多睡覺和按需要才服藥，不一定馬上服用。

初步判病情

如果孩子近兩天有點低燒和流鼻水，而且開始嘔吐之前吃的食物，但身體沒有其他特別情況。雖然不太想玩，但是仍嚷着要看電視的話，這個情況多半只是病毒性的腸胃炎，不用太擔心。若孩子無故半夜嘔吐，而且精神狀態不佳和異常疲倦，父母就要馬上了解，到底孩子在白天有沒有跌倒或碰到頭，若有就可能要帶孩子到醫院檢查，以排除腦部的病變。

由醫生診斷

張醫生指，當家長觀察子女一天後，若嘔吐問題仍沒有改善，或者仍未能飲用流質食物，便需前往求診。醫生除了可作正式診斷外，亦可判斷孩子應繼續在哪裏照顧—家中還是醫院。如果醫生認為用藥物已能控制嘔吐或其他病徵，情況一般在 24 至 36 小時內會有明顯改善。

孩子入院考慮因素

醫生通常基於以下因素，考慮是否建議嘔吐孩子入院接受治療：

❶ 孩子身體太小，容易出現較嚴重的脫水機會，例如 2 歲以下的小孩子。

❷ 已經出現中等或以上的脫水情況，例如幾乎沒有小便、舌頭和口唇乾枯、異常疲倦。

❸ 父母幾乎不能夠餵飼飲料，因為孩子不願飲或飲後即吐。

❹ 出現令人擔心的現象，例如高燒、肝臟發大、腹脹如鼓、面黃眼黃、昏睡、手足冰冷等。

56

旅行先至病
點算好？

專家顧問：李志謙 / 兒科專科醫生

　　長假期，去旅遊，是不少家庭嚮往的事。但原來帶孩子外遊會令不少爸媽都心驚膽跳，原因是他們安排了與孩子出門，孩子卻偏偏在這個時候才生病。

出發才生病

　　每逢長假期，爸媽都會安排外旅，但亦可能是快樂和痛苦的混合季節。「快樂」的是有悠長假期，一家大小可以趁孩子的悠長假期去旅行，休息一下；「痛苦」可能對於在職的父母而言，需要忙完公司的工作，才有空陪伴孩子放暑假，但是策劃了與孩子出門，但是孩子卻偏偏在這個時候生病，的確令讓爸媽十分煩惱。

出發前兩周預防

　　如果遇到的是意外或大病，旅行必然會取消，但最煩惱的卻是孩子只是患上小病，父母擔心影響行程。兒科專科醫生張傑建議要先「預防」。首先，建議在出發前最少兩星期替孩子注射流感疫苗，因為疫苗需要半個月才可生效；在眾多發燒相關的疾病當中，只有流感才可以注射疫苗來預防。

免接觸染病源頭

　　接着，在最常見的兒童簡單傳染病症中，例如病毒性腹瀉、上呼吸道感染、水痘和急性胃炎等，潛伏期一般在一星期內。所以，父母必須盡量避免孩子接觸這類疾病的源頭，包括室內的遊樂中心、泳池、醫院和遊樂場等。雖然手段較嚴苛，但是，如果父母以旅行為目標，也要作出少許犧牲。再者，若孩子真的不幸在兩星期前染病，理論上也有足夠的時間復原。

患小病留意 5 個重點

　　有時小朋友生病的確避無可避，不過總有東西可以配合的。如果小朋友在出發前不幸生病，第一當然是看醫生，當證實他們只是小毛病時，請留意以下 5 個重點：

❶ 請醫生處方足夠的藥物，直至旅程完畢；

❷ 如果藥物（例如液體的抗生素）是需要儲存在雪櫃的話，一旦轉換酒店，就要考慮期間保存的問題；

❸ 請醫生準備病程和診斷結果的信件，或記錄在健康手冊中，以便當地醫護人員跟從；

❹ 如要攜帶液體的藥物登機，請先向航空公司查詢。有需要時，醫生要預先用文字方式通知航空公司；

❺ 向售賣旅遊保險的公司查詢有關當地看緊急醫療的安排。

57 裝修氣味
易令 B 致病？

專家顧問：趙長成 / 兒科專科醫生

　　不少爸媽為了迎接寶寶誕生，特意裝修家居。雖然表面上光鮮悦目，但背後或暗藏健康風險，有機會影響上呼吸道發展。爸媽應該如何選擇家具和裝潢物料？裝修後又怎處理？

　　趙長成醫生指，裝修的氣味主要由甲醛組成。甲醛具刺激性，吸入少量會刺激眼和鼻，導致流眼水、鼻水、鼻塞及打噴嚏，同時亦會刺激寶寶幼嫩的皮膚，使其痕癢敏感、出疹。長期吸入或致氣管發炎等慢性呼吸系統病，以及引致頭痛等。更有研究顯示，在嚴重情況下，高劑量的甲醛更會致癌。

夾板多甲醛

趙醫生解釋，使用夾板、人造木板製作的傢俬是家居甲醛的元凶。因為這些物料在製作過程中使用了油溶性膠水，而這種膠水正含有甲醛。許多木製傢俬如鞋櫃、床等，皆由夾板裝合而成，加上甲醛揮發性較快，可帶來短期刺激。另一方面，夾板有一定厚度，甲醛會慢慢從內而外持續滲出來，即使隔離一段時間，仍有氣味，有說甲醛的揮發期更可長達 3 至 15 年。

偏方難除甲醛

有傳言指活性碳可吸入甲醛，事實上，其實它們只能吸味道，無助於去除甲醛；亦沒有實驗證明可減少濃度，即使所謂的光觸媒亦難隔絕禍害。雖然部份植物可能有吸收甲醛之效，但始終數棵植物對於吸收全屋的甲醛效用有限。

選擇用料

趙醫生建議選用「零甲醛」的傢俬及油漆，減少選擇夾板、人造木板物料，以實木傢俬取代。一般來說，有抽屜和具防火功能的傢俬，會釋出較高甲醛濃度，爸媽需留意，亦應減少購買不必要的家具和油畫掛飾。

保持通風

有不少人同意裝潢後新家居有氣味是正常的，其實只要聞到刺鼻氣味，甲醛含量已超標不少。因為剛完成的裝修和家具，釋出的甲醛濃度最高，最有效的方法是保持通風。當櫥櫃、木門、家具都進入房子後，需要開大窗戶通風，讓空氣對流，令甲醛加速擴散。在通風散味的時候，不建議立刻入住；患有鼻敏感、氣管敏感及哮喘患者，建議應在裝修後一、兩個月才入伙新單位。

不開冷氣

醫生又表示，無論裝修中或新入伙都不應開冷氣，除了因為製造了密封的環境外，令空氣不流通，無法將有害氣體排出室外，更容易令冷氣機積聚甲醛，之後開啟冷氣，便有機會散發異味。

缺維他命 B
手指長倒刺？

專家顧問：林嘉雯 / 皮膚科專科醫生

　　相信大家都有過手指長倒刺的經驗：指甲周邊翹起小小的皮刺，有時更帶有輕微的刺痛感。有指，寶寶手指長出倒刺，是因為身體欠缺維他命B，此説法是否屬實？

皮膚專科醫生林嘉雯表示，此傳聞並不正確，基本上缺乏維他命與手指長倒刺並沒關係。「缺乏維他命 B，可能會令皮膚乾燥，但不會令指甲長出倒刺」。

甲周皮膚薄

相信大家都曾經試過長倒刺，但卻未必知道倒刺是怎樣形成。林醫生解釋，由於雙手經常與外界直接接觸，故手部皮膚一般較其他身體部位厚，但指甲周邊位置的皮膚，則較為薄弱，容易流失水份或受外界刺激。當這些部位的皮膚本來處於乾燥狀態，再加上外界刺激，便有機會爆裂而長出倒刺。另外，皮膚油脂分泌不足，經常頻繁地以皂液洗手，或須長時間接觸清潔劑的人，都較容易出現倒刺問題。

可塗凡士林

寶寶的皮膚較成人薄弱，相對而言，他們出現皮膚問題的機會較大。日常護理上，爸媽應勤替寶寶塗抹潤膚產品，滋潤皮膚。若寶寶長出倒刺，可替他們塗上油份較高的潤膚膏，例如凡士林，一來保濕，二來形成一層油脂膜，保護受損皮膚。

別徒手撕去

其實，只要經過皮膚的新陳代謝周期，倒刺會自然脫落或痊癒，基本上只需勤作護膚，毋須特別處理。如果長倒刺的位置有痛楚感，爸媽可以用乾淨的指甲鉗，小心地替寶寶剪掉倒刺，要注意不要剪得太貼肉，以免誤傷皮膚，造成流血或細菌感染。有些人為求方便，直接徒手將倒刺撕走，林醫生強調，千萬不要這樣做，因為撕倒刺時的拉扯動作，有機會傷及附近正常的皮膚，構成傷口，嚴重者更有機會令傷口發炎，甚至引致甲周炎。「曾有病人因徒手撕倒刺而造成甲周炎，出現含膿跡象，情況嚴重者更需做手術放膿。」

勤塗潤膚膏

要預防長倒刺，應從基本做起，注意手部護理。日常洗手的次數勿太頻繁，水溫不宜過高，亦應避免使用成份刺激的洗手液。每次洗手後，應塗上潤膚膏或潤手霜，除了手掌手背，不要忽略手指及指甲邊沿。

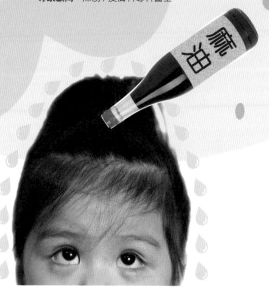

59 塗麻油
可治頭泥？

專家顧問：陳湧 / 皮膚科專科醫生

　　頭泥會影響寶寶外觀，又會引發異味，教媽媽煩惱不已，不知怎去處理。有傳聞指，以麻油塗抹寶寶的頭，就能治好他們頭皮上的膿包或頭泥。到底這個方法是否可行？寶寶為甚麼會出現頭泥？媽媽要細聽醫生以下分析。

成因不明

　　頭泥為「脂溢性皮膚炎（Seborrhoeic Dermatitis）」的俗稱，多發生在初生嬰兒身上，患者頭部會產生許多皮屑，並在頭皮積聚成厚厚的硬塊。皮膚專科醫生陳湧指出，目前醫學界還未能找出頭泥的確實成因，不過估計與以下幾方面有關：

❶ 遺傳基因
並非每一名寶寶都會有頭泥問題，故醫學界猜測這病受遺傳基因影響。

❷ 天氣環境

當天氣、季節開始轉變，尤其是寶寶身處在一些較寒冷、乾燥的環境下，他們會特別容易出現頭泥問題。

❸ 真菌感染

某些研究顯示，「脂溢性皮膚炎」與一種真菌有關，如果寶寶遭受感染，就會增加得頭泥的機會。

可治頭泥

　　頭泥顏色黃黃綠綠，實在是有礙觀瞻，那麼以麻油塗抹寶寶頭部，是否就可治好他們頭皮上的頭泥？陳醫生表示，植物油、橄欖油和麻油等油液的確會對頭泥問題有幫助，可以令皮屑不易積聚。

　　媽媽可用麻油慢慢按摩寶寶的頭皮，並靜待一段時間，頭泥被油液軟化後，再輕揉將之捽走，最後才進行正常的洗頭程序。

膿包變差

　　但陳醫生亦提醒，頭泥與膿包是迥然不同的問題，麻油並無助解決後者，甚至會弄巧反拙。膿包的出現是因為寶寶頭部皮膚油脂分泌較盛，導致毛囊閉塞；若再替寶寶塗油，「油上加油」，就會令問題加劇。如媽媽胡亂嘗試，嚴重或引致細菌感染、發炎，使頭皮的膿包變紅、變大。

油去頭泥

　　頭泥問題主要影響寶寶外觀，比方黃綠色的硬塊、脫髮，也或令他們感到痕癢，但病情通常會在其 1 歲前逐漸改善，且不會危害健康，媽媽不用過份擔心，並可嘗試以下方法：

以油作按摩

　　媽媽可每天替寶寶洗頭，保持乾淨清潔，並謹記使用一些性質溫和的洗髮露。如上文所言，在洗髮前，媽媽亦能以橄欖油、麻油等油液輕力按摩寶寶頭皮患處，捽走硬塊。

藥性洗髮露

　　若按摩反應不佳，媽媽可帶寶寶看醫生。他們或會處方藥性洗髮露，其內含去角質成份，同時可抑制真菌的產生，但副作用會使寶寶的頭髮變乾硬。

外用類固醇

　　在很少數的嚴重個案中，藥性洗髮露效用不彰，醫生可能會處方外用類固醇，以改善寶寶的病情。

60 有頭泥
易變光頭 B ？

專家顧問：張傑 / 兒科專科醫生

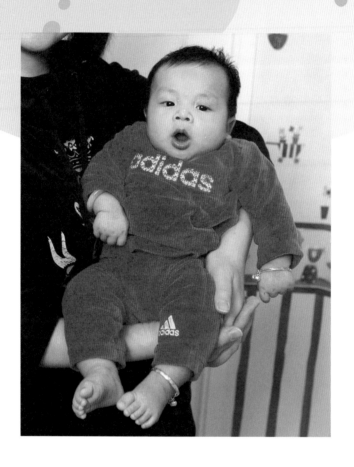

　　有超過一半以上的寶寶，都會出現頭泥情況，這是因寶寶頭皮的油脂分泌旺盛，混合脫落的皮膚細胞，然後形成黃白色的皮屑。雖然頭泥不會危害寶寶健康，但卻會影響外觀；要是有嚴重頭泥的寶寶，有機會因分泌受真菌感染而脫髮，變成光頭。

頭泥是皮膚炎

頭泥其實是一種皮膚炎，又名為脂溢性皮膚炎。頭泥是指在寶寶頭上有毛髮生長的位置，發炎後所形成的皮屑。一般會呈黃白色的油膩狀厚塊，緊緊黏在寶寶的頭皮上；而他們有頭泥，與天氣、溫度等並無密切關係，而是由於皮膚出現沒有原因的敏感性發炎反應，情況猶如臉上和身上的奶癬。張傑醫生指出，在臨床經驗上，超過一半以上的 2 周至 4 個月大寶寶，也會有頭泥現象，所以父母不用過份擔心。

影響外觀

頭泥最普遍是在額頭、面部、眉毛或頭髮等部位出現，它們是一塊塊黏在皮膚上的厚皮膚，呈黃白色，油膩中帶有氣味；如果強行刮走，或會出現受傷流血的情況。其實，頭泥對寶寶的健康來說，並沒有大礙，主要是影響其外觀。然而，有小部份的寶寶會因有頭泥而感到痕癢，所以他們會搔癢，以及不時摩擦頭部，使頭泥跟頭髮一同掉下，以致幼弱的頭髮受損，甚至形成禿頭。

會自動康復

治療寶寶的頭泥，父母可以用橄欖油或嬰兒油，在洗澡時輕輕按摩其皮膚，然後用水輕輕沖洗，清理黏在頭髮上的頭泥，連續數天使用，效果更佳。

若果寶寶的頭泥情況嚴重，如頭皮紅腫發炎，便要立即去看醫生。雖然頭泥沒有任何預防方法，但一般待寶寶 6 至 8 個月大時，就會自動消失，頭髮最終會自然生長。

勿時常清洗

父母毋須一見到頭泥就急於為寶寶清理，只要定時 1 天清理 1 至 2 次，保持清潔便可以；也謹記不要用一般洗髮水清除污垢，避免再度刺激皮膚分泌油脂。另外，切記別亂摔寶寶頭皮上的頭泥，以防其頭部皮膚因此而擦傷刮損；若寶寶的皮膚一旦被刮損，便會令細菌入侵，後果可以相當嚴重。

61 指甲有「月牙」身體較健康？

專家顧問：陳俊傑 / 註冊中醫師

　　一般而言，每個人手指甲的根部都有一些白色的半月形痕跡，原來它有一個美麗的名字──「月牙印」。據稱，指甲上有月牙印的人，身體比較健康，如月牙印較淺色甚或沒有月牙印，則代表身體較不健康。到底是否屬實？若寶寶沒有月牙印又代表有甚麼問題？

透露健康狀況

　　傑醫師表示，從月牙印觀察一個人的健康狀況，準確度高，但也有少數例外。他指出，從觀察手指甲上的月牙印，可看出一個人的氣血是否足夠，月牙印越多代表氣血越充足。沒有月牙印者，一般會較易病、手腳冰冷，也容易頭暈和覺得疲倦。小朋友和年輕人精力充沛，通常都會有月牙印。老人

家身體較虛弱，月牙數量會明顯較少。而且年紀越大會越少，70、80 歲可出現沒有月牙印。

2 歲後可觀察

若初生寶寶出生後頭半年沒有月牙印，爸媽也毋須太緊張；因為他們正適應周遭環境，身體可能未進入正常生理狀況，故暫時未有月牙印。傑醫師建議，可待寶寶 2 歲起開始觀察，如果長大後都沒有月牙印，代表其身體可能比較弱，應多加注意。

先天後天皆影響

指甲上有月牙印與否，先天和後天因素均有影響。先天方面，如爸媽任何一方的身體較弱，都會令寶寶身體較弱；後天方面，有可能是因為餵養問題，如吃太多零食，傷害了脾胃，也會令氣血虛弱。

8 點要瞓覺

睡眠會影響一個人的氣血。無月牙印者，一定要有充足睡眠。傑醫師建議小朋友晚上 8 時便要上床睡覺，他特別提到，現代人普遍睡眠不足，爸媽和祖輩的睡眠時間均有推遲的現象，為寶寶立下壞榜樣。他指出，小朋友正值生長期，睡眠越充足，才會成長得越好。惟大前提是寶寶要有足夠活動，若寶寶日常沒有甚麼運動，卻睡得很多，爸媽應盡快查明箇中原因，了解寶寶是否有鼻敏感，令其睡眠質素較差，抑或身體出現其他毛病。

不吃生冷　注重保暖

飲食方面，無月牙者不應進食生冷食物，例如沙律、凍飲等。衣着方面，要避免身體着涼，尤以下身為重，寶寶的腿部必須要有足夠保暖。

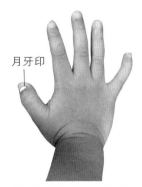

月牙印

月牙印並非 5 隻手指甲都會有，但姆指一定要有，否則代表身體可能很虛弱。一般而言，拇指一定有月牙印，然後食指的會小一點，中指又小一點，如此類推，尾指通常沒有。月牙印的數量和大小會隨着季節而有所不同，夏天通常有較多月形印，而且比較大塊；冬天則比較小。傑醫師指出，40歲以下的人，5隻手指裏，最好4隻手指有月牙印(包括拇指)；大小方面，月牙印至少要佔整塊指甲約五分之一，沒有確實的準則，完全視乎個人指甲大小而定。

月牙印並非5隻手指甲都有，但拇指一定要有。

62 蛋黃油偏方
可治濕疹？

專家顧問： 韓錦倫 / 香港中文大學中西醫結合醫學研究所臨床教授（名譽）、
連煒鈴博士 / 香港中文大學中西醫結合醫學研究所專業顧問

　　蛋黃油濕疹偏方日前全城大熱！蛋黃炒焦而成的黑色液體，被不少受濕疹困擾的患者奉為神藥，更有父母因其「材料天然」、「可自家製」而用在濕疹寶寶身上。其實，對於民間偏方的安全性和成效，父母應謹慎至上、遵醫囑咐才好。

誤傳醫理

　　蛋黃油日前被大眾認可，除了因有人現身說法，亦因提倡者引用了《本草綱目》記載：「卵黃，氣味甘溫，無毒；炒取油，和粉，敷頭瘡。」香港中文大學中西醫結合醫學研究所專業顧問連煒鈴博士解釋道，該文是有關醫治

142

頭瘡或其相關的皮膚炎症，並非直接指中醫稱作「濕瘡」的濕疹。另外，《本草綱目》提及的醫治方法需「和粉」，有指與膩粉匀和，即加入外治於疥瘡、頑癬等皮膚病的氯化亞汞，可見並非單純炒焦蛋黃取油便得預期功效。連博士指，蛋黃油不是主流中醫學裏主治濕疹的方法；更需留意的是，炒取蛋黃油的過程中，各人對份量、火候的標準不一，製作的環境、器具中亦可能混有其他雜質，故不建議家長自行製作和使用。

僅可潤膚

蛋黃含豐富人體所需營養成份，包括脂肪及脂溶性維他命 A、D、E。香港中文大學中西醫結合醫學研究所臨床教授（名譽）韓錦倫解釋，當蛋黃被炒至焦黑形成的油份可稱為焦油，因其油份起到滋潤作用，故一些濕疹患者認為可改善症狀。不過，蛋黃油是否如坊間所說能治癒濕疹，韓教授及連博士均表示，從中、西醫角度看，目前未有完全根治濕疹的方法，但用藥得宜則可有效控制病症。韓教授指，要抑制濕疹症狀，關鍵是做好潤膚。其實坊間信譽良好及通過皮膚測試，適合濕疹皮膚的潤膚產品、礦物油均適用，暫時未有研究指出何種牌子的產品較優勝；除非寶寶對該產品過敏，否則爸媽選定一種產品後，讓寶寶長期使用便可，不宜頻繁更換不同潤膚產品。

或會致敏

韓教授指出，蛋黃是人類最常見的致敏原之一，若讓對蛋敏感的寶寶使用，即使只用在皮膚上，亦隨時釀成反效果。韓教授補充，蛋黃經炒焦後，其營養成份或受到破壞，但致敏成份未必受到變化。連博士亦提醒家長，現時坊間推崇純天然產品，但純天然不代表不致敏；例如個別濕疹患者採用中藥外洗皮膚時，也曾出現對某種中藥過敏的個案。若對產品成份有懷疑，建議諮詢醫生或中醫意見後才使用。另外，對於蛋黃油是否致癌的疑慮，韓教授指，除非長期大量使用，在一般情況使用下，蛋黃油或焦油致癌風險較低。

內外調理

韓教授和連醫師指出，過敏症狀源自寶寶先天的遺傳傾向，以及後天接觸到致敏的環境、食物等，並非靠單一藥物便完全解決，而中、西醫結合，予以適合的內外調理下，對濕疹控制的效果較全面。韓教授指，從西醫角度看，對濕疹症狀，一般使用外敷藥治療，以及有賴患者長期做好潤膚措施。連博士指，中醫會根據濕疹患者的不同體質和証型，以及皮損的嚴重情度，選擇內服中藥、外洗中藥或針灸治療治。若濕疹患者症狀輕微，只需做好潤膚便改善病情，未必需要依靠藥物治理。

着真絲衫
改善濕疹？

專家顧問：盧景勳 / 皮膚科專科醫生

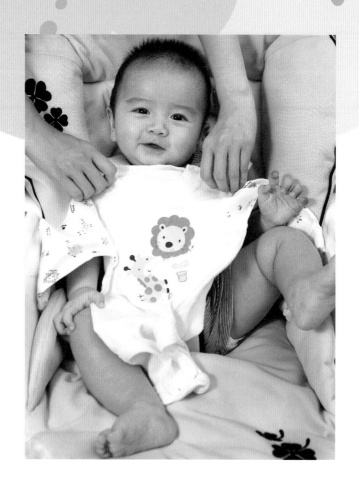

　　不少寶寶的皮膚都有濕疹問題，看到他們因此感到不舒服，爸媽當然會較緊張，望找到治療、紓緩之法。坊間有言指，若讓寶寶穿着真絲所製的衣服，會有助改善他們的濕疹病情，此言是否屬實呢？

難以吸收

　　與濕疹相關的產品五花八門，坊間就有言指，衣服的材質會對濕疹造成影響，如讓寶寶穿上真絲所製的衣服，就有助改善病情。皮膚科專科醫生盧景勳表示，此傳聞的源起，或與真絲是蛋白質纖維組成有關，但其實這些蛋白質難以被皮膚吸收，其作用只是因絲質衣物不刺激皮膚，不會令濕疹惡化，故只屬輔助，實非治療之方。

英國研究

　　而於今年 4 月，英國諾定咸大學亦有就「真絲改善濕疹」問題，發表了一項研究報告。研究人員找來 300 名寶寶參與實驗，其年齡介乎 1 至 5 歲，並患有濕疹；他們被分成兩組，一組會連續穿着真絲衣 6 個月，另一組則穿着普通棉質衣。結果發現，兩組寶寶的濕疹病情並無明顯分別，證實真絲衣並無改善之效。

棉絲為佳

　　雖然無助改善，但衣服材質對濕疹的病情亦十分重要，甚至會導致惡化：

- **羊毛**
  最不適合濕疹皮膚，因為羊毛會黏到皮膚上，刺激病處。

- **麻布、尼龍**
  麻布質感較粗糙，會刺激皮膚；尼龍的材質不能吸汗，令汗水留於皮膚上，造成刺激。

- **純棉、真絲**
  最適合濕疹皮膚的衣服物料，因不會造成刺激，且透氣吸汗佳；但真絲售價較昂貴。

留意清洗

　　盧醫生表示，除了衣服要購買合適的材質以外，爸媽亦應讓患有濕疹的寶寶穿較為鬆身的衣服，避免其太緊貼皮膚，造成刺激。另外，清潔方面亦需要注意，在清洗寶寶的衣物時，不要使用柔順劑、含香料的洗潔劑等產品，因為其內裏的化學成份有機會刺激皮膚，令病情惡化。如果寶寶的濕疹情況較嚴重，醫生或會處方藥品：外用方面，會使用類固醇或非類固醇性消炎藥膏等；至於口服方面，則是抗組織胺、抗生素等。

64 母乳
可以治濕疹？

專家顧問：劉成志 / 兒科專科醫生

　　寶寶的皮膚吹彈可破，本應令人羨慕，但若患上濕疹，皮膚變得又乾又紅，家長看到也不禁心痛，並尋找各種方法，希望減輕寶寶的病情。家長間流傳指，以母乳直接塗抹或用母乳皂清潔寶寶濕疹患處，能夠改善病情，到底孰真孰假？

濕疹成因不明

　　不少家長都會疑惑，為何寶寶會患上濕疹。其實，該病並非傳染病，醫學界雖仍未能找到確實的成因，一般都不認為與食物有關，但遺傳、環境、污染和過敏等皆是可能因素。過往曾有研究發現，濕疹或與遺傳、個人免疫系統有關，是組成皮膚結構的蛋白質天生出了問題，較易流失水份和發炎，令皮膚乾燥、紅腫、痕癢和出現皮屑。

母乳功效未證實

　　坊間傳言，以母乳直接塗抹或用母乳皂清潔寶寶濕疹患處，有助改善病

情。對此，劉成志醫生表示，暫時還未有任何科學研究證實，母乳能有效治療濕疹，因此不鼓勵家長嘗試。相反，母乳的濃度較水為高，有可能因而刺激皮膚，令病情惡化，弄巧反拙。另外，患有濕疹的皮膚容易流失水份，保濕能力較差，家長應用乳化劑或沐浴油替濕疹寶寶洗澡，但不建議用鹼性物質，比方肥皂去洗澡，因其會洗走皮膚表面有保護作用的油脂，理論上更會越洗越差。

日常護理最重要

濕疹暫時雖沒根治方法，但能夠透過皮膚護理控制病情。對付濕疹最重要是保持皮膚濕潤，例如早晚各塗潤膚露一次。

- **冬天重保濕：**因為冬天天氣比較乾燥，是濕疹的發病高峰期，故家長在冬天，需更注重寶寶皮膚的保濕。開暖氣時必須小心，不要讓室內空氣過份乾燥，甚至可用放濕機，把室內濕度提高。
- **夏天多抹汗：**夏天容易流汗，汗水會刺激寶寶的皮膚，令濕疹問題惡化。寶寶應盡量逗留在冷氣地方，減少出汗；而家長則要多幫寶寶更換衣服和抹走汗水，但在清潔後，謹記塗上潤膚露。
- **縮短洗澡時間：**患有濕疹的寶寶洗澡要用和暖水，水溫大約 38 度；洗澡時間亦不宜太長，以 10 分鐘為限，這是因為浸泡得太久，水會沖走皮膚表面有保護作用的油脂。洗澡後，家長只需用毛巾把水份印乾，切勿擦得太乾，並立即為寶寶塗抹潤膚露，保持皮膚濕潤。

濕疹奶癬大不同

除了濕疹，奶癬也是寶寶常見的皮膚問題，而兩者的症狀亦有點相似，令家長難以分辨寶寶到底是患上濕疹還是奶癬。劉醫生指出，坊間誤以為寶寶會因飲奶而出現皮膚紅疹，故將之俗稱「奶癬」，其實奶癬與奶並無直接關係，是寶寶皮膚成熟過程中出現的問題而已，家長如想清楚分辨兩者，可從以下 2 方面觀察：

	奶癬	濕疹
發病年齡	出生後 2 星期至 3 個月內發病，一般 4、5 個月大即不藥而癒。	通常在寶寶 3、4 個月大發病，情況會越來越差，1 至 2 歲才好轉。
出現部位	多出現在寶寶前胸、頸、耳朵和臉上，很少會出現在身體或手腳部位。	有機會影響寶寶全身的皮膚，尤其常見於皮膚的摺位，如手肘窩、膝後窩等。

65 長痱滋
全因熱氣？

專家顧問：梁金華 / 註冊中醫師

　　相信大家都有長痱滋的經驗，這顆長於口腔內的小紅點威力無窮，足以令人寢食難安。據說，長痱滋是因為熱氣，那麼飲用涼茶是否就能令痱滋痊癒？另外，把鹽塗在痱滋上又是否有用？

三大可能性

　　註冊中醫師梁金華表示，此說法非完全正確。人們俗稱的「生痱滋」，在中醫角度上即是口舌長瘡，可由熱氣引起，但不可以一概而論。中醫認為，引起痱滋的可能性有三。

熱氣要清熱

　　第一，是大眾廣為認知的「熱氣」，因熱氣引起痱滋的患者，平時大多喜食肥膩，又或是偶然進食了大量煎炸辛辣的食物，令實火積聚於脾胃，從而引起口舌長瘡。梁醫師表示，由熱氣所引起的痱滋，顏色紅腫、疼痛劇烈、潰瘍點多且密，並可能有便秘問題。此時，可採「清熱瀉火」之法，如飲用五花茶、銀菊露等涼茶。如小朋友積聚熱氣於脾胃，可飲用上述之涼茶，或到中醫診所接受小兒推拿治療，有助調理體質。

陰虛致痱滋

　　第二種痱滋，緣於「陰虛火旺」，患者可能工作壓力大，或是平日較晚睡覺或有失眠問題、心情鬱悶之人，由於體內的陰液耗損，造成虛火旺盛而引起痱滋。這類痱滋容易反覆發作，帶有輕度疼痛，潰瘍點比較稀疏、顏色淡紅。患者可採用「滋陰降火」之法，例如服食龜苓膏，有助紓緩情況。

體弱常翻發

　　第三類痱滋，常發於氣虛體弱之人，因體內正氣不足而引起痱滋。所謂「氣虛」，即體內正氣不足。這類痱滋也會反覆發作，疼痛不太明顯，潰瘍點少而色不深，可能伴有胃口欠佳、大便溏不成形、精神不佳等情況。此時，患者應「補氣溫陽」，建議向註冊中醫師查詢，看看如何調理體質。

鹽刺激性大

　　梁醫師建議，長出痱滋的人注意以下數點：一，做好口腔清潔，勤刷牙漱口；二，平日少吃肥膩、煎炸辛辣的食物，以免實火積聚；三，多食新鮮蔬果；四，保持心情舒暢。對於坊間有偏方指出，在痱滋上塗鹽，有助加快康復。梁醫師稱，在中醫角度上，鹽的確有清涼滋陰之作用，對陰虛火旺所引起的痱滋有一定緩和作用。可是，鹽的刺激性亦較大，塗在痱滋上會造成痛楚，如痱滋有潰瘍情況，更不宜胡亂使用。

添衣焗出汗有助退燒？

專家顧問：趙永 / 兒科專科醫生

　　春季天氣乍暖還寒，寶寶特別容易生病，例如發燒，爸媽看到他們紅通通的臉龐當然心痛。坊間有一種說法，若寶寶發燒，爸媽應讓他們多穿衣服或蓋厚被以焗出汗水，認為有助退燒。這種做法真的能改善寶寶病情嗎？

升退正常

兒科專科醫生趙永指出，坊間誤會流汗能幫助退燒，故選擇穿衣蓋被，這或源自對發燒的錯誤認知。發燒時，人體其實不會維持在同一溫度，而是有升有跌；退燒時，由於寶寶會流汗，大家就誤以為這是令他們退燒的其中一個因素。實際上，生病時流汗只屬正常的生理反應：人會因生病而產生壓力，身體可能因此分泌一些壓力激素，比方腎上腺素，它們會令患者流汗。

打亂反應

寶寶發燒時而爸媽為其添衣蓋被以焗汗，其實是無助病情的，甚至會弄巧成拙。發燒乃因一種免疫系統抵抗疾病的自然保護反應，而人的身體有一個調節溫度的機制，透過散熱、造熱去控制自身體溫。若爸媽故意調整寶寶周遭環境溫度，比方開冷氣、大開窗戶等，其皮膚血管就會收縮，令身體沒法散熱，使調節機制不能運作，或加重寶寶病情，讓他們更高燒；添衣蓋被亦會導致同樣反應。

高燒抽筋

當體溫突然升高，或令寶寶抽筋，而這常見於在半歲至 5 歲的寶寶。他們可能發燒了兩三天後，退燒一段時間，體溫又突然急升，繼而出現四肢抽搐、失去知覺等現象。發燒抽筋通常維持數分鐘，但並非羊癇症，一般不會對寶寶腦部造成傷害，但家長也或會因此飽受驚嚇。

舒適溫度

那麼爸媽應怎樣照顧發燒中的寶寶呢？趙醫生表示，爸媽應保持室溫正常舒適，不冷不熱，並讓寶寶穿厚薄適中的衣服，幫助他們散熱。另外，有些爸媽擔心退燒藥會壓抑免疫系統，阻礙身體對抗疾病，所以不太願意讓寶寶服用。其實，退燒藥並非抗癌、化療等藥物，沒有壓抑免疫系統的功效；而且發燒會令患者很不舒服，既冷又累，甚至「周身痛」，故爸媽應讓寶寶服用退燒藥紓緩不適。

67 發燒
真的會燒壞腦？

專家顧問：伍永強 / 兒科專科醫生

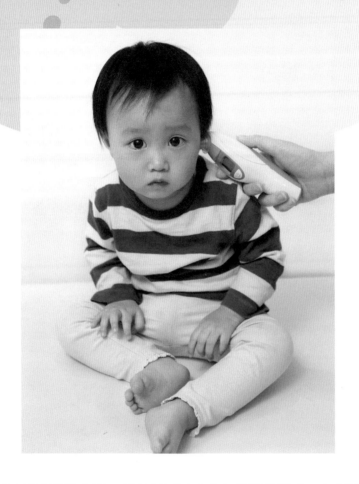

　　發燒是最常見的病徵，當爸媽看到寶寶紅通通的臉龐、汗濕的身軀，自然很心痛及緊張。對於發燒一事，坊間甚至有一個恐怖的傳聞指，寶寶若發燒，而情況嚴重的話，可能會「燒壞腦」。這説法孰真孰假呢？

當寶寶發燒，爸媽總顯得十分緊張，怕他們「燒壞腦」。到底為何會有這樣的傳聞？

昔日不完善

兒科專科醫生伍永強表示，從前醫療水平不高，檢查或服務都不算完善，再加上並非人人可負擔求診的費用，治療容易有所延誤。上一輩不清楚發燒的病因，或誤以為是發燒處理得不好，會引致「燒壞腦」。

而且，當時的衛生條件亦較差，除腦膜炎、腦炎，也盛行小兒麻痺症。這些疾病會引起高燒，也因腦部疾病，如腦炎會影響寶寶的神經系統，導致後遺症，故真的有「燒壞腦」之說。

視疾病而定

發燒只是寶寶身體不適的其中一種徵狀，背後有着許多可能性，會否有嚴重後遺症，需視乎他們所患的疾病。若寶寶是患肺炎等呼吸系統疾病，即使發燒，也不會出現「燒壞腦」的情況；如是腦膜炎等腦部疾病，患者或體溫不高，初生兒甚至不會發燒，但也可能會影響腦部。

若體溫持續上升，會否有機會影響腦部？理論上，當然有這個可能，比方寶寶身處火場等高溫環境、身體內水份不足等。但在一般情況下，即使沒吃退燒藥，寶寶的體溫升至某溫度，便會穩定下來，不會繼續上升。

發燒的好處

其實，發燒並非一無是處。很多人都知道，身體內部需要「打仗」才能清除病菌；發燒時體溫會較高，病菌的生存環境會變差，變得較容易被清除。同時，體內的新陳代謝會較快，加速血液循環，病菌會較容易被白血球等抗體清除。

伍醫生提醒，降溫非首要之務，最重要是治療導致發燒的疾病。求診後，爸媽宜按醫生指示，定時給寶寶服藥，留意他們有否足夠的休息和攝取水份、糖份。爸媽亦可記錄寶寶的體溫變化，以幫助醫生了解其病情；此舉亦便於觀察，若有異常情況，爸媽便可立即向醫生查詢。

68 發燒體熱 如何分辨？

專家顧問：何慕清 / 兒科專科醫生

　　寶寶的體溫比平日要高，究竟是發燒，還是只因天氣炎熱而令其體溫升高呢？ 如果父母不知道如何判斷，便要聽聽專家的意見，深入了解寶寶的身體狀況。

如何算是發燒？

　　因着寶寶年紀上的差異，體溫都會有所不同，但卻不明顯。年紀較小的寶寶，一般體溫都會較高，因他們的新陳代謝會比較快；再加上他們的皮膚面積比較細，散熱也相對地較慢。因此，一般而言，體溫達 38 度左右或以上，就可以判斷寶寶為發燒。

體溫有高低

　　不論是成年人或小孩，體溫會因着時間變動而有所不同，但差異並不大。寶寶在早晨的體溫一般比較低，下午則較高，到了晚上又會稍為回落；其體溫是與外在環境的溫度成正比。當寶寶在達至 40 度的高溫環境下，其體溫可

能會較平日上升 1 度左右；因此，即使寶寶的體溫因天氣炎熱而上升，但情緒並無異樣，父母則毋須太過緊張，可再觀察一段時間，以判斷寶寶是否真的發燒。

發燒徵狀

寶寶身體不適，當然會出現不少徵狀；只要父母多加留意，便有跡可尋。常見發燒的徵狀如下：

- 大哭表達身體不適
- 或會出現屙嘔的情況
- 尿液會較正常混濁

量度體溫要項

倘若懷疑寶寶發燒，父母可以作簡單的診斷，便是替其量度體溫。雖然量度體溫並不難，但是若探熱時間不當，可能令量度出來的體溫會有所偏差。所以，父母要留意以下各點：

- 不宜在寶寶情緒不穩時探熱，如剛哭過後、發脾氣後等。
- 不宜在寶寶剛吃完奶後探熱，因為這時其體溫會較高。
- 宜在寶寶情緒穩定，且穿着較輕薄的衣物時量度體溫。

紓緩發燒有法

發燒的寶寶不宜穿太多衣服，並且厚薄要適中，以助身體散熱；同時，要安排寶寶在一個攝氏 24 至 26 度的室溫環境下休息。然而，有部份父母因擔心寶寶再次着涼，會將室溫調校至 28 度或以上，這樣不但令寶寶感到不舒服，更會令其病情惡化。

若果寶寶出現以下的情況，父母不宜在家中治療，應帶他們去看醫生，作詳細診治，並服用醫生處方的藥物：

- 6 個月以下的寶寶，特別是初生的，要是出現發燒，應盡快接受醫生診治，因為發燒可能會嚴重影響他們的身體機能。
- 發高燒且一直不退熱。
- 發燒情況已超過一天。

寶寶發燒參考表

寶寶月齡	平均體溫 （攝氏）	被視為發燒的體溫 （攝氏）
0 至 28 天大的寶寶	37.5 度	38 度或以上
1 至 3 個月大的寶寶	37.3 度	37.5 度或以上
3 個月以上大的寶寶	37 度	37.3 度或以上

資料只供參考，體溫有正負 0.5 度左右的偏差

69

乙型肝炎
要打 3 針？

專家顧問：趙長成 / 兒科專科醫生

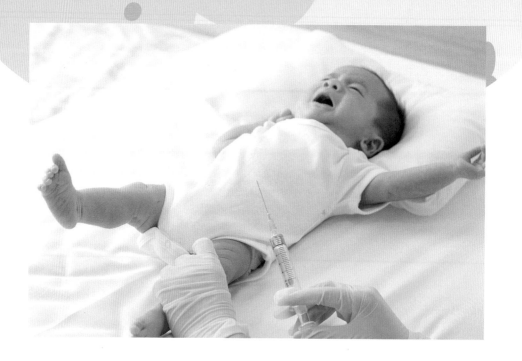

　　乙型肝炎這名稱大家應該也很熟悉，它是一種過濾性病毒導致的肝炎疾病。於東南亞地區，甚至香港，都屬於很常見的疾病，尤其是在成年人中，肝炎帶菌者都是較多。但隨着大眾接受注射預防疫苗後，新感染乙型肝炎的人數已大幅下降。

乙型肝炎病徵

梁永堃醫生指出，感染肝炎後的徵狀包括患者感到疲倦、嘔吐、黃疸、眼白變黃、小便變茶色、腹痛。應注意的是，乙型肝炎有潛伏期時間，由接觸後到急性肝炎的病發，可能會有數個月的潛伏期，因此有機會未能知道是在甚麼時候感染乙型肝炎。

感染乙型肝炎的途徑

乙型肝炎一般是經過血液的傳染或是性接觸傳染的。但是以小孩而言，通過媽媽的分娩是最高危的感染時期，很多時寶寶都是在這時期感染了乙型肝炎。乙型肝炎在不同的年齡感染會有不同的影響：當成人感染乙型肝炎，過了急性肝炎的階段後，約有 5 至 10% 機會演變成慢性肝炎帶菌者；而小孩如果在嬰幼兒期間感染了乙型肝炎，變成慢性肝炎帶菌者的機會較成人高。

演變成慢性乙型肝炎

在感染乙型肝炎後，部份成年人或小孩會演變成慢性乙型肝炎帶菌者。慢性乙型肝炎乃是肝臟一個潛伏危機，因為隨着時間過去，慢性乙型肝炎可引致肝硬化，惡化下去有機會發生病變，導致肝癌風險，所以乙型肝炎帶菌者需要長期受監察，以及考慮服用抗病毒藥物抑壓肝病。

如何預防乙型肝炎

剛提及過，初生兒或嬰幼兒階段感染乙型肝炎，是有很大機會演變成慢性乙型肝炎帶菌者，因此，預防是最重要的一環。現時香港所有初出生的嬰幼兒皆需接受注射三針乙型肝炎疫苗作保護。但是如果其母親本身已是慢性乙型肝炎帶菌者，在寶寶初出生時，除了需注射乙型肝炎疫苗之外，還需要再配合乙型肝炎球蛋白注射。梁永堃醫生認為此舉非常有效，能減低小孩感染乙型肝炎的風險。

進行抗體抗原篩查

話雖如此，即使已經注射及注射乙型肝炎球蛋白，仍帶有風險，小孩還是有機會不幸感染乙型肝炎。美國疾控中心建議嬰兒在 9 至 12 個月大時，應進行乙型肝炎的抗體及抗原篩查，檢查嬰兒身體有沒有足夠的抵抗力來對抗乙型肝炎，以及檢查身體有沒有感染乙型肝炎的情況。如果不幸發現已受感染，便需要轉介到有小兒腸胃肝臟科經驗的醫生繼續跟進。

70

注射疫苗後
一定會發燒？

專家顧問：周栢明 / 兒科專科醫生

　　小寶寶出生後，便需要依據衛生署指示，定期到母嬰健康院或診所注射疫苗，藉以預防各種疾病。但很多家長擔心小寶寶在注射疫苗後會發燒，影響健康。但兒科醫生表示，因注射疫苗而發燒的情況不多，況且多為低燒，通常於 24 小時內便會退燒。

　　兒科專科醫生周栢明表示，雖然為小寶寶注射疫苗，有機會令他們發燒，但是，注射疫苗的好處始終比壞處多，家長不要因為擔心小寶寶注射疫苗後發燒，而不安排他們注意疫苗。不注射疫苗小寶寶可能有機會患上嚴重疾病，後果不堪設想。

多屬低燒

　　經常聽人說小寶寶注射疫苗後會出現發燒，究竟是否注射疫苗後必定會發燒？周栢明醫生認為，注射疫苗後出現發燒的情況並不常見，即使是發燒，

也只屬於低燒，多在攝氏 38 度或以下，是正常的現象。注射疫苗後發高燒至攝氏 39 度，屬於罕見現象。

　　注射疫苗後出現發燒，可能因為疫苗與身體產生免疫反應。由於多屬低燒，家長不必過於擔心，除非發高燒至攝氏 39 度，並且出現抽筋的情況，便需要特別注意，應立即帶小寶寶求診。

活性減毒疫苗

　　現時，小寶寶一般注射 MLP 核酸疫苗，它屬於活性減毒疫苗，導致小寶寶於注射疫苗後發燒的情況不多。除非小寶寶所注射的疫苗為減活性疫苗，當他們注射了這類疫苗後反應便會較大。小寶寶注射減活性疫苗後，較容易出現發燒，甚至有機會出現紅疹，雖然如此，並非所有注射減活性疫苗的小寶寶都會出現以上現象。因此，家長不必過份擔心，如前所言，除非小寶寶發燒至攝燒至 39 度，並出現抽筋，便需要立即求診。

24 小時內退燒

　　如果在注射疫苗後出現發燒的話，一般在注射疫苗後 24 小時內出現，並多屬於低燒，而且會在 24 小時內退燒。當小寶寶發燒時，醫生多會為他們處方退燒藥，醫生會因應小寶寶的年齡，處方適合劑量的必理痛，但家長千萬別自行給他們服用亞士匹靈，原因是亞士匹靈會影響服用者的肝臟，引起雷伊士綜合症，影響小寶寶的腦部，後果非常嚴重。

別亂服退燒藥

　　家長經常擔心小寶寶注射疫苗後出現發燒，擔心會影響寶寶腦部，因此，每次在注射疫苗後，即使小寶寶沒有發燒，也給他們服用退燒藥作預防。周醫生表示這是錯誤的做法，小寶寶在沒有發燒的情況下服用退燒藥，是會減低免疫反應。相反，於發燒時才服用退燒藥，就不會減低免疫反應，它便能發揮退燒的功效。

注射疫苗好處多

　　雖然注射疫苗有機會導致小寶寶發燒，但始終注射疫苗的好處多於壞處，若因為擔心小寶寶注射疫苗後會發燒而不注射，可能有機會導致更嚴重的後果。另外，家長要注意每個國家所需注射的疫苗都不一樣，因為每個國家出現的流行病都不同，例如在香港需要注射卡介苗，但於外國則不需要注射。所以，家長應該因應小寶寶於甚麼地方出生及生活，便為他們注射當地適合的疫苗。

71　注射疫苗
越多越好？

專家顧問：張傑 / 兒科專科醫生

　　寶寶出世後，部份爸媽為了預防他們患上各種疾病，都會帶寶寶注射不同的疫苗，如肺炎鏈球菌接合疫苗、四合一低敏疫苗、乙型肝炎疫苗等。注射適量的疫苗固然可以有它的好處，但疫苗種類繁多，爸媽是否應該全部都為寶寶接種？

產生免疫功能

　　寶寶需要注射疫苗的原因是想透過預先刺激身體中的免疫系統，而這個方法，使寶寶的身體產生免疫功能，保護他們不受病原因子的感染，從而對可見的病菌有所防範，提高他們的抗病能力。

適可而止

　　雖説寶寶接種疫苗的目的就是通過注射疫苗針劑以預防疾病，但這並不代表他們打得越多疫苗就越好，因為所有疫苗的原材料都是病菌、病毒或是它們產生的相關毒素。雖然疫苗中的毒性已減至能注射入寶寶體內的程度，但卻依然會帶有些微的毒性，在寶寶接種後，他們身體或會出現一定的反應，如輕微發燒等。

　　因此，張傑醫生表示，注射疫苗並不是越多越好，最好是適可而止，這樣除了可使寶寶減少皮肉之苦外，也能降低接種不必要的疫苗後，所增加不良反應的機會。

太多 有反效果

　　如果爸媽真的為寶寶接種過多或不必要疫苗，雖然大多數都不會致命，但是寶寶對注射疫苗後的不良反應會增加，例如對疫苗過敏、發燒、疲倦、紅疹等。

　　其實，坊間的接種疫苗的計劃是具科學性的，如寶寶該甚麼年紀才可以注射該種疫苗、注射第 1 劑之後要相隔多久才可以再注射第二劑等。所以，寶寶接種疫苗時，不應重打或多打，因為如果寶寶身體內接種的疫苗種類過多，有機會使各種疫苗在體內產生效力時，也容易互相干擾，減低作用或使人體產生不適感，甚至有機會較易使體內產生「免疫麻痺」，降低自身免疫功能。

注意事項

　　接種疫苗宜適可而止，寶寶注射疫苗時，亦有以下事情需要注意：

- 在寶寶沒有發燒時注射
- 不要在有重要活動前注射
- 清楚告知醫護人員寶寶最近的身體狀況
- 帶備注射記錄（針卡）
- 準備退燒藥

接種疫苗話你知！

　　初生寶寶出院後，如果爸媽想為其接受注射疫苗，可以選擇帶他們到母嬰健康院或私家兒科醫生處接種。最常見接種的是水痘疫苗、肺炎鏈球菌接合疫苗、流感疫苗等。

　　而四合一低敏疫苗，可預防白喉、破傷風、百日咳及小兒麻痺疫苗；六合一低敏疫苗，就可同時預防乙型流感嗜血桿菌及乙型肝炎，一次性注射，可同時減少麻煩和寶寶的不適。

72 打流感針 有甚麼注意？

專家顧問：莫昆洋 / 普通科醫生

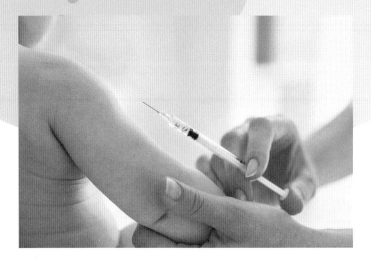

根據衞生署衞生防護中心資料顯示，本港出現的流感一般於 1 至 3 或 4 月，以及 7、8 月較為流行。這種季節性流行性感冒（流感）是由流感病毒引致的急性呼吸道疾病，預防方法之一是接種季節性流感疫苗。家長到底認識流感針有幾多？

打流感針安全有效

本港出現的流感一般於 1 至 3 或 4 月，以及 7、8 月較為流行。這種季節性流行性感冒（流感）是由流感病毒引致的急性呼吸道疾病，家長大多數認同，流感疫苗能安全和有效地預防季節性流感及其併發症。莫昆洋醫生有感不少家長對於流感疫苗認識不多，以下，他逐一詳細講解。

6 個月以上人士可接種

流感疫苗適合 6 個月以上所有人士接種，包括孕婦、長期病患者如糖尿病、腎病、慢性支氣管炎、癌症患者等，但是正接受化療患者，則需視乎情況。

研究指出，若孕婦接種流感疫苗，可減少一半患上流感機會，而嬰兒出生首 4 個月，對比沒有接種預防流感疫苗的媽媽，會減少 1/3 機會染病。

減少 74% 兒童入 ICU

流感疫苗可減少糖尿病者 79% 入院機會、減少慢性肺病者 52% 入院機會、減少 74% 兒童因流感入兒童深切治療病房，以及減少 57% 50 歲以上人士因流感而入院的機會。不適合接種流感疫苗者包括曾經對流感疫苗過敏、發燒或身體不適，以及曾患上格林巴利綜合症 (Guillain Barre Syndrome) 的人士。

雞蛋過敏者需注意

根據 2016/17 年世界衛生組織的指引，輕微雞蛋過敏者不影響接種流感疫苗的成效，中等或嚴重雞蛋過敏者，則需要在備有急救用品以及醫生在場才可接種。四價流感疫苗包括 2 甲 (H1N1 Michigan 和 H3N2 Hong Kong) 和 2 乙 (brisbane & Phuket) 流感病毒的疫苗，四價比三價多了一乙 (Phuket)，接種預防疫苗不會引致流感的。莫醫生指出，有些人可能在接種前已有輕微生病，所以接種後便會發燒。

私家診所和健康院可接種

在港使用的流感疫苗都是一次性的，所以沒有含水銀成份的 Thimerosal。政府會資助 6 個月大嬰兒至未滿 12 歲的小朋友 (相若小六學生) 和 65 歲或以上的長者，可選擇在私家診所和健康院接種流感疫苗，市民必須帶備身份證或出世紙登記才能享受此福利。

可與肺炎疫苗一起接種

流感疫苗可與其他疫苗一起接種，例如肺炎疫苗。9 歲以下的兒童，若從未接種流感疫苗，便要注射兩次 0.25 毫升的流感疫苗，每次相隔最少 4 星期；若之前已接種疫苗，則只需每年接種一劑最新的疫苗便可以。最佳注射時間是流感高鋒期前，即是 9 月至翌年 1 月期間接種，但在 9 月至翌年 6 月期間亦可接種。香港有兩間藥廠生產流感疫苗，其疫苗分別適合 6 個月以上人士或 3 歲以上的人士接種，詳細情況可向你的家庭醫生查詢。

有關的詳細資料記錄於美國的 CDC 和香港的衛生防護中心網頁。然而資訊歸資訊，希望大家知多一點後，主動找你的家庭醫生接種四價流感疫苗，早打早預防！

73 打針前
有甚麼要準備？

專家顧問：李志謙 / 兒科專科醫生

寶寶出生後，要面對大大小小的疫苗注射，增強身體對抗疾病的免疫力，才能健康快樂地成長。可是，寶寶打針前哭鬧不止，新手爸媽缺乏準備難免難手鴨腳，狼狽不堪。到底寶寶打針前，父母需要準備甚麼？

注射疫苗不可少

打針是每個寶寶成長的必經階段，以注射或口服的方式將疫苗注入體內，令身體產生抗體，對抗疾病的侵害。上一輩常見的多種幼兒致命傳染病現時幾近絕跡，都是依賴防疫注射的功效，因此父母應該重視寶寶的防疫注射和打針時間表。

除了母嬰健康院外，私家診所也為幼兒提供疫苗注射，而且提供「香港兒童免疫計劃」以外的疫苗，例如流行性感冒、輪狀病毒、水痘、甲型肝炎等。李志謙醫生建議父母為寶寶盡量注射可接受的疫苗，以提高他們的健康保障，

父母也可以考慮子女的狀況，考慮是否為他們額外注射。

Q 打針前試食蛋白有用嗎？

A 有媽媽聽說，寶寶 1 歲時需要注射的疫苗中含有蛋白，因此應該在寶寶 1 歲打針前試食蛋白，測試他是否對蛋白敏感。這個做法是可行的，一旦發現寶寶對蛋白敏感，必須更加注意寶寶打針後的健康情況。

Q 錯過了打針時間怎麼辦？

A 如媽媽不小心錯過了寶寶打針的時間，應在幾天之內盡快補回。如延遲太久才發現，之後的疫苗注射日期可能需要因而延遲。

打針準備 3 要點

寶寶每隔一段短時間便要打針，媽媽在打針前為寶寶做足準備，便能減少打針過程的痛苦。

❶ 留意健康狀況

寶寶必須按針卡日期按時打針，但如碰巧他們身體不適，可能要向醫生查詢是否適合打針。一般而言，有以下徵狀的寶寶不適合注射疫苗：

- 發燒
- 對疫苗過敏
- 正接受類固醇或電療、化療等

如寶寶沒有發燒，仍願意吃喝玩耍，大便正常，經醫生檢查後仍可以接種疫苗。如媽媽有疑慮，可觀察寶寶數天，或診治後待寶寶痊癒才接受注射。如果寶寶對藥物敏感或患有長期疾病，便必須徵詢醫生的意見。

❷ 安撫情緒

寶寶在打針常常哭鬧不止，表現抗拒，有時並非怕痛，可能是害怕陌生的人和環境，或是不喜歡被人按着、不能自由活動的感覺。媽媽先要調整寶寶的情緒，不宜過於不安和緊張，然後可以和寶寶唱歌和玩小遊戲，分散他們的注意力。面對年齡稍大的寶寶，媽媽可以嘗試向他們解釋打針的意義和過程，讓孩子盡量理解之後發生的事情。

❸ 帶齊裝備

若寶寶準備接受口服的輪狀病毒疫苗，媽媽最好帶備一條紗巾，用來保護衣物和抹嘴，並且準備一瓶奶。因為寶寶需要空肚接受口服輪狀病毒疫苗，待 30 分鐘至 1 小時後，喝奶能防止他們回吐大量疫苗。李醫生又建議媽媽準備一些小禮物，獎勵沒有哭鬧、勇敢打針的乖寶寶。

74 寶寶熱氣
會出「豬毛丹」？

專家顧問：周嘉儀／註冊中醫師

坊間傳聞：寶寶熱氣時會出現「豬毛丹」的問題，「豬毛丹」是一堆毛刺，當其出現時，會令寶寶感到痛楚。因此，有些民間療法會建議將其以刀片剃走，紓緩寶寶的不適。其實，究竟「豬毛丹」是甚麼？爸媽又怎樣解決寶寶熱氣問題？

寶寶易熱氣

Ⓠ 為甚麼寶寶會出現熱氣問題？熱氣會有甚麼徵狀？

Ⓐ 寶寶為純陽之體，身體發育及新陳代謝比較快，因此會容易熱氣。此外，亦有些原因會令他們更加熱氣，包括寶寶本身的身體偏熱性、飲用過多或不適合的奶粉、風熱外感、消化及腸胃不好，或是母乳媽媽經常食油膩食物，甚至是天氣炎熱等。若寶寶熱氣時，一般都會顯得煩躁不安、莫名奇妙地哭喊、大便較乾、便秘、小便黃及量少、口臭、口生瘡、失眠、眼屎多等症狀，爸媽可以多加留意。

胎毛形成刺

Q 如果寶寶熱氣，是否就會出現俗稱為「豬毛丹」的病症？「豬毛丹」又是甚麼？

A 「豬毛丹」又稱「豬毛瘋」，是在一些江西民族地區傳下來的叫法。其實「豬毛丹」的出現是因當寶寶初生至 1 歲期間，每每他們感到煩躁不安，需要抱的時候，長輩為了安撫寶寶，而利用麵粉、母乳或蛋清在寶寶背上搓出了白色或黑色的硬毛。老一輩的人會認為這些毛刺就是令寶寶煩躁的主因，因此會用鈍了的刀片為寶寶剃毛。當寶寶在剃毛後，情緒變好，更令他們確信自己的做法是有效的。不過，註冊中醫師周嘉儀指出，所謂的「豬毛丹」，其實是寶寶的胎脂加胎毛。若利用面粉、母乳或蛋清將之搓揉的話，它們會黏在一起，成為毛刺。至於寶寶剃走胎毛後，情緒會變好，原因是其動作似撫摸，令寶寶感到舒服，但其實用剃刀這個方法是錯誤的。另外，寶寶的胎毛會在出生後的頭 4 個月特別多，若他們熱氣的話，就會分泌出更多胎脂，導致散熱功能降低，令寶寶感到煩躁。此時再用麵粉、母乳或蛋清幫他們搓揉的話，「豬毛丹」的情況會更嚴重。

改善方法

Q 當寶寶經常熱氣時，有甚麼方法可為寶寶治療或紓緩？

A 若寶寶患上「豬毛丹」，再用刀片剃走硬毛的話，寶寶幼嫩的肌膚就會出現很多毛孔，而這些毛孔很容易暗藏污垢或細菌，對寶寶沒有好處。其實，爸媽只需要用石立膏，就可以抹走寶寶身上的油脂。爸媽亦可以用不同的方法，改善及紓緩寶寶的熱氣問題，包括母乳媽媽可吃多些清淡的食物，以免油膩熱氣傳到寶寶身上，並為寶寶挑選適合的奶粉、給寶寶喝些清熱的果汁、菜糊或湯水，如綠豆、白菜、苦瓜、青瓜、白蘿蔔、冬瓜等、也可以穿較涼爽的衣服、給寶寶充足睡眠、幫助他們暢通排便，亦可以為寶寶按肚，紓緩積熱、氣血。

飲食要戒口

Q 如何預防寶寶再有熱氣問題？

A 預防熱氣的方法與紓緩的方法相若，都是為寶寶清熱為主。除此之外，寶寶亦要戒口，勿吃朱古力、花生、生冷食物等。而在寶寶 6 個月大前，亦忌給予他們進食補品或牛、羊之類的食物；前者會因太補而令寶寶熱氣，後者則會令寶寶出現濕熱問題。

167

Part 3

寶寶是否健康，很大程度上都視乎他如何吃，
所以，飲食就成為父母十分關心的問題。
如何令寶寶吃得有營健康？本章有 20 多篇文章，
請來一眾專家為你解答各式各樣的寶寶飲食疑難。

75 寶寶可吃
隔夜餸嗎？

專家顧問：張傑 / 兒科專科醫生

　　城市人生活繁忙，成人們偶爾進食隔夜的食物在所難免，但是寶寶又可否吃隔夜食物呢？如果吃了，又會出現甚麼問題？

產生亞硝酸鹽

　　兒科專科醫生張傑表示，寶寶最好不要進食隔夜食物，原因有幾個，首先因為食物保存太久會增加細菌滋生的機會，亦容易影響寶寶。

另外，大部份食物本身含有硝酸鹽，若經烹調後，再隔夜存放或存放太久，便會增加產生細菌分解作用，某些物質會因轉變而影響身體，例如硝酸鹽會轉化成亞硝酸鹽，後者更可影響血液帶氧功能。因此，就算是成人也要盡量避免進食隔夜食物。

2 種保存法

如果爸媽要保存隔夜食物，又想減少食物因存放太久而產出過量的亞硝酸鹽，爸媽在家中可以做到的保存方法分別是冷藏法和密封法。前者可將食物分別裝在冷凍容器內，再放入冰箱，利用低溫減慢食物內化學反應的過程，降低酶的活性，以及抑制微生物的繁殖。雖然在保存過程中，蔬菜中的亞硝酸鹽含量會有一些增加，但是冷藏條件下，亞硝酸鹽含量並不會高出標準；後者可利用拉鏈、密封條的冷凍袋或有密封膠墊的容器等，使食物與空氣隔絕。此外，若食物吃不完的話，亦不宜在室溫下存放超過 2 小時；在保留隔夜食物時，爸媽不應將不同的食物放在一起，避免交叉污染。

長期進食影響大

若然寶寶真的長期進食隔夜食物，有可能會對他造成深遠影響，包括：
- 因食物中營養價值下降，有機會影響寶寶的身體發展
- 如果長期食隔夜蔬菜，有可能出現「高鐵血紅蛋白症」，這是由於蔬菜本身的亞硝酸鹽轉化成亞硝酸鹽，後者可減少血液帶氧功能，繼而出現缺氧症狀
- 有研究顯示，亞硝酸鹽可造成胃黏膜受損、破壞，而導致胃潰瘍或萎縮性胃炎，這些均可增加患胃癌機會
- 吃隔夜魚肉和豆製品需要考慮的是，可能會出現微生物的繁殖，如「肉毒素」

良好飲食習慣

為了寶寶的健康着想，爸媽應該養成一個良好的飲食習慣，如：
- 每次用餐的食物份量要適中，不要過多或過少
- 讓寶寶多進食新鮮的食物，尤其是水果及蔬菜
- 烹調食物時，減少不必要的時間
- 煮食方法應以蒸灼及輕炒為主，調味時應少鹽、少油及少糖

76 香蕉傷骨
小孩要慎吃？

專家顧問：林詩敏 / 註冊營養師

　　水果有益健康眾所周知，當中以香蕉最深得小孩歡心，因為它香甜又軟滑，加上營養豐富，家長亦願意讓孩子多吃。但坊間有種説法，指香蕉傷骨，所以不建議爸媽給小孩吃，怕有礙其骨骼發展。到底這説法是否正確呢？

傷骨乃過慮

　　註冊營養師林詩敏解釋，暫時沒有研究證實「香蕉傷骨」這個説法，她估計坊間傳言之出現，可能和香蕉含較高磷質有關。磷是一種礦物質，它和鈣會結合形成磷酸鈣，減少鈣於腸道的吸收率。而鈣是構成骨骼的主要營養素，孩子缺乏鈣會阻礙牙齒和骨骼發展，也會增加將來患上骨質疏鬆的風險。的確過量攝取磷會減低鈣的吸收率，不過 1 隻中型香蕉的磷含量只是 26 毫克，比 1 杯牛奶 (34 毫克) 和 1 両豬肉 (70 毫克) 少，所以適量進食香蕉對骨骼的發展不會有壞的影響。故認為香蕉會導致體內鈣質減少的説法，實屬過慮，

而且 2 至 3 歲的寶寶每日最多吃 1 隻香蕉，並非主食，家長更不用擔心。

含 5 大營養

　　香蕉不只不傷骨，對身體更是益處多多。營養師建議家長，當寶寶 6 個月大，可以食用母乳以外的東西，而香蕉更是營養豐富，可作為副食品的開始：

碳水化合物：香蕉含大量碳水化合物，能供給寶寶日常活動所需要的能量。有研究顯示，2 隻香蕉能提供足夠能量維持 90 分鐘劇烈的運動，故運動員都以香蕉為補充能量的首選水果。

膳食纖維：如果寶寶有便秘問題，香蕉可謂好幫手，其纖維含量豐富，當吸收水份後，會像海綿一樣變軟發大，可刺激腸內壁，加速腸道的蠕動，令大便暢順。香蕉亦含有寡糖，能增加腸道的益菌數量，幫助腸道蠕動，加速糞便通過的速度，不讓廢物滯留在腸道中。

維他命 B：寶寶腸胃脆弱，或會出現消化不良，而香蕉中的維他命 B 能幫助代謝食物，對消化系統有幫助。維他命 B 是維持人體腦部、神經系統及精神狀態穩定的重要營養素，可以幫助減壓、消除疲勞、振奮心情；同時，亦能讓寶寶保持心境開朗。

鉀：香蕉含鉀量高，能降低血壓高和中風機會，亦能參與平衡體液、神經傳導、調節肌肉的正常收縮和放鬆等，對寶寶的肌肉發展甚有益處。缺乏鉀會使寶寶疲倦，甚至肌肉無力。

色胺酸：香蕉是其中一種「開心食物」，含有的色胺酸以刺激神經系統，給予開心、平靜及瞌睡的信號，對夜寢不安的寶寶有穩定情緒之效。

建議食用份量

　　雖然香蕉的營養價值高，但家長也要留意食用份量，皆因其纖維比普通水果更高。1 隻中型香蕉有 3.1 克纖維，比蘋果接近多 1 倍 (如果去皮，更多於 1 倍)，多吃會影響胃口，令寶寶吃不下其他食物。另外，雖說 6 個月大的寶寶能進食香蕉，但是份量和處理方法會隨年齡而不同，以下為營養師的建議：

年齡	食用份量	食用方法
6 個月	1 茶匙 -1/4 隻	壓成蓉 / 和米糊混合
1 歲	1/2 隻	壓碎
1-2 歲	1/2-1 隻	片狀
2-3 歲	1 隻	整條

BB 不肯食
是否患病？

專家顧問：張傑 / 兒科專科醫生

　　「今天寶寶又喝剩那麼多奶！」每次寶寶沒有把精心準備的食物統統掃光，爸媽就會開始擔心寶寶吃得夠不夠、胃口不好是不是生病了。那麼寶寶不肯吃東西到底是甚麼原因呢？

「厭食」多為父母臆想

　　小朋友其實沒有甚麼厭食症，父母最擔心的只是偏食和食量不夠。兒科專科醫生張傑表示，成人的厭食症是一種心理障礙問題，而兒童的偏食主要是跟行為偏差與教育不當有關。所以，我們只會針對孩子的發育生長情況，決定父母所講的偏食是否是一個真正的問題。如果孩子的生長速度偏離他們個人的生長線，那就要找出原因，而偏食和食物營養不均衡是一個常見的原因。

　　但更多的時候是，孩子身上基本上沒有任何問題，只是父母老是想着孩子

吃得不夠多，不夠快或者不夠肥，所以父母就認為孩子有問題。對於這類情況，父母要處理的主要是自己的期望和孩子實際上的生理發育是否一致。

張傑醫生指出，寶寶不願意吃，可能只是因為生理上覺得不需要。父母一般最擔心的是孩子是否生病或者肚子不舒服。但是，這其實是很少見的原因，通常這種情況孩子會有其他的表現。所以，很多時候孩子根本不用太多能量，便能夠應付日常生活及生長，但這個份量的食物並不是父母預期之中。尤其是父母將自己孩子與其他同年齡的孩子作比較，但卻忽略了遺傳性基因及每個孩子活動量不同的影響。

「不專心」影響進食

有其他的事情令孩子不能夠專心也可能影響進食，例如在電子產品長期刺激的情況下，或者是沒有養成一個良好的飲食晉餐習慣，以致孩子老是想着吃一點東西便離開飯桌去玩。這個情況下必須要從培養正確的晉餐禮儀開始糾正。但孩子進食習慣不良可能會導致其他微量元素的缺乏，例如缺乏鐵質引致貧血，也可能引發其他行為問題，例如睡眠質量下降。

關於厭奶症

至於厭奶，張傑醫生認為，這是一個偶爾會出現的情況，但並不常見。他說，這些孩子在沒有原因底下，對於飲奶這個過程十分抗拒，但是除此之外，完全沒有其他不適的地方。一般經過醫生排除其他問題後，才會斷定孩子是厭奶期，而且在幾個星期或幾個月後，孩子這方面的表現會突然間有所改善，情況也會不再復發。

進食小 Tips

我們建議父母不要自己妄下判斷，遇到這些情況必須先見醫生，將小朋友平時在家中進食情況詳細告訴醫護人員，以便醫生分析。有需要時醫生會做一些血液或尿液的檢查，去排除一些病理性的問題。如果一切正常的話，醫生會叮囑父母在家中如常照顧孩子及定時覆診。基本上，沒有甚麼「萬寧丹」可以將情況馬上轉變，但是我們建議父母總是可以考慮以下幾個方法，包括：

❶ 少食多餐；

❷ 找一個寧靜的環境餵奶；

❸ 確保奶嘴的形狀和奶嘴的洞口是適合孩子年齡；

❹ 在醫護人員監督底下，提早一點開始進食輔食品；

❺ 不要嘗試不知名的中成藥；

❻ 如果孩子清醒時反抗得厲害，不要強迫餵飼。

78 食物掉落地
不足 5 秒可照食？

專家顧問：張傑 / 兒科專科醫生

　　坊間有「5 秒法則」之説，相傳只要食物掉落地面後，停留不超過 5 秒，即可撿回照吃，因為細菌尚未沾染食物。此説法孰真孰假？假若寶寶進食了沾有病菌的食物，會有何後果？

細菌馬上沾染

　　兒科專科醫生張傑表示，此說法於邏輯上似乎並不合理。因為食物停留於地面上的時間，與病菌的數量並不成正比。美國新澤西州羅格斯大學的研究員曾經做了一項實驗，以一種腸道桿菌沾染不銹鋼、瓷磚、木板與地氈，再將不同的食物放於這些表面之上。結果顯示，食物接觸這些表面後，立即被細菌污染，「5 秒法則」不攻自破。所以，為了健康着想，任何已掉到地上的食物，最好不要食用。

病菌少可抵抗

　　進食已掉在地面的食物會否令我們生病，主要視乎食物所沾染的病菌數量與其毒性，而病菌包括細菌、過濾性病毒及黴菌。如果數量很少，寶寶身體的抵抗力應付得來，寶寶可以沒有任何病徵；但當病菌的數量之多，超出了身體的防禦能力，寶寶可能會出現肚痛、腹瀉、嘔吐、發燒等病徵。

視乎接觸範圍

　　針對「5 秒法則」而言，在短短 5 秒內，病菌未必有機會在食物上繁殖。但如果地面上的病菌數量超過一定數目，當食物掉到地面，便會有大量病菌即時黏附於食物上。「食物表面接觸地面的範圍越大，沾染到的病菌便越多，對健康的影響也越大。」

常見 3 大細菌

　　張醫生指出，在家居地面上，任何細菌都有可能出現，特別是沙門氏菌、金黃葡萄球菌、肉毒桿菌等，如進食了沾染上這些細菌的食物，有機會出現以下病徵：

- 沙門氏菌：可引致發燒、嘔吐、腸胃炎等，嚴重者甚至大便有血，以及出現「脫水」情況。
- 金黃葡萄球菌：有可能引起食物中毒，出現嘔吐、胃痙攣和腹瀉等情況。
- 肉毒桿菌：初期可能有疲倦、眩暈、食慾不振、腹瀉等腸胃炎病徵，隨後可能出現視力模糊、口乾、吞嚥和語言困難等。再嚴重者，會出現上半身至下半身肌肉乏力，甚至出現呼吸困難。

79

如何得知
食甚麼敏感？

專家顧問：莊俊賢 / 兒童免疫及傳染病科專科醫生

　　嬰兒 6 個月大開始轉食固體食物，父母開始給他們進食一些果蓉、蔬菜蓉或肉碎粥等。雖然這些食物有益有營養，但是對於食物敏感的嬰兒來說，則可能構成生命威脅。建議父母在安排嬰兒轉食固體食物前，可以先向醫生查詢及了解，及早減低嬰兒因食物敏感而帶來的不良反應。

可以致命

兒童免疫及傳染病科專科醫生莊俊賢表示，為甚麼嬰兒會出現食物敏感？主要是因為免疫系統誤認部份食物對身體有影響而作出過敏反應，而過敏反應輕則出現痕癢、嘴腫、面腫及嘔吐；如果情況嚴重的，甚至影響呼吸、心跳及血壓，對生命構成威脅。

一般而言，最常見令嬰兒產生食物敏感反應的食物有八大種，包括牛奶、雞蛋、花生、堅果、魚、貝殼類海鮮、小麥及大豆等。莊醫生說，如果嬰兒早期已患有中度至嚴重程度濕疹，通常是食物敏感高危一族，因此，他建議高危嬰兒在轉食固體食物前可以向醫生查詢，了解嬰兒有沒有食物敏感問題。在沒有出現食物過敏症狀之前進食一些合適的食物，長遠來說可以減低出現食物過敏的機會。

皮膚過敏測試

剛開始讓嬰兒轉食固體食物時，可以逐樣給他們嘗試一段時間，看看有沒有過敏反應。除了用這樣的方法測試嬰兒有否對食物過敏反應外，亦可以讓嬰兒進行皮膚點擊過敏測試。莊醫生說，醫生會根據病人的過敏病歷挑選需要測驗的食物致敏原，例如小麥、蛋及牛奶，然後把少量的致敏原刺入表皮，倘若病人對致敏原有過敏反應，測試範圍會在 15 分鐘內出現紅腫，俗稱「風癩」的狀況，然後會測量過敏範圍的大小，計算出致敏指數作為分析之用。

過敏血液測試

假如病人皮膚狀態不理想，例如濕疹情況嚴重，則不適合採用皮膚過敏測試，可以考慮使用過敏血液測試。莊醫生說可以透過這個測試，分析病人的血清是否含有對過敏原有特定反應的 IgE 抗體。

監督下進行

莊俊賢醫生說，為病人進行測試期間，他們有機會出現過敏反應，因此，需要在醫生監督下在醫院或診所進行。莊醫生解釋每次只會測試一種食物，所以須先診斷病人對哪種特定食物有需要做測試，然後在醫療監督下以口服方式進行，每 20 分鐘加大食用量，當有明顯過敏反應即馬上停止測試，並立即作紓敏急救，從而得到結果。

80

BB 肚屙
應該禁食？

專家顧問：伍永強 / 兒科專科醫生

　　不少成年人腸胃不適時，怕正常進食會加重腹瀉情況，所以會透過進食清粥等清淡食物，甚至只飲用電解質飲品，讓腸胃「休息一下」。寶寶處於生長發育階段，腸胃脆弱，腹瀉時，應否和大人一樣，以「禁食」度過腹瀉期？

先認識腹瀉

　　兒科專科醫生伍永強指出，不同年齡、體質的寶寶，各自有不同排便的習慣和頻率。其中以母乳或配方奶為主要食物的寶寶，進食水份較多，大便通常呈糊、水狀。寶寶消化功能慢慢成熟、飲食習慣改變等，令排便習慣也

比成年人改變得快。故此，所謂「腹瀉」必須以寶寶平時維持的排便頻率和大便形態作比較，不能單憑稀便來斷定寶寶是否腹瀉。若寶寶排便次數突然大幅改變、增多，甚至糞便帶有黏液、血液，伴隨胃口不佳、嘔吐、發燒等，則有機會是由於腸胃炎，或其他疾病引起的腹瀉症狀。

腸內菌分佈

正常人的大腸內都有固定數目和比例的好菌和壞菌，這決定了我們腸道的生理習慣。很多時候，當我們突然到新的地方、改變飲食習慣等，腸道會因環境和食物影響，令腸內菌分佈改變，造成腹瀉，這也是我們常說的「水土不服」。另外，服藥、腸道受細菌或病毒感染等，也是導致腹瀉的原因。初生寶寶的腸道多數是無菌的，直至出生後 1 至 2 星期，才出現腸內菌；加上寶寶腸道脆弱，更容易因上述原因影響排便習慣，甚至出現腹瀉。

腹瀉嚴重性

腹瀉可以是眾多不同疾病的其中一種症狀，不一定單單由腸胃炎引起。患玫瑰疹、流行性感冒、尿道炎等疾病，也會出現腹瀉症狀，爸媽應留意寶寶是否同時出現其他症狀。另外，爸媽可透過觀察腹瀉份量、腹瀉的維持時間、糞便形態推斷腹瀉嚴重性，給予適當照顧。若寶寶腹瀉的份量過多，體內失去大量水份和礦物質，會引發脫水的危險，導致抽筋、昏迷等。一般來說，寶寶腹瀉 1 至 2 日，不算太嚴重，稍加休養即可；但寶寶腹瀉維持超過 2 星期，情況屬嚴重，也可能導致腸道抵抗力減低，容易出現併發症。爸媽亦可觀察寶寶糞便的顏色、質地，是否帶有血液或黏液等異樣，甚至拍下該形態，以便於求診時，供醫生作診症判斷。

視乎體質「禁食」

腹瀉時，身體機制使我們胃口變差，讓腸道有休息的空間，所以無論大人或寶寶，腹瀉時進食比正常份量少的食物，或者進食清粥、簡單礦物質飲品，都是可取做法。不過，寶寶處於生長發育階段，營養亦十分重要。月齡 3 個月以下、偏瘦、營養不良的寶寶不適宜「禁食」；腹瀉時，盡量視乎寶寶胃口，進食可吞服的食物份量。對於營養充足、甚至超重的寶寶，「禁食」造成的負面影響不大，腹瀉階段可喝供腹瀉寶寶服用的營養水、補充適量糖份、鹽份，待腸道慢慢康復。不過，伍醫生提醒爸媽，市面有售的電解質運動飲品多數糖份較高，不宜飲用過量。另外，無論寶寶是否進行「禁食」，腹瀉時特別應留意補充足夠水份。

81

患感冒
不可食雞？

專家顧問：梁金華 / 註冊中醫師

　　鮮美的雞肉含有豐富營養，但有說法指，感冒時不可以食雞，否則會令病情加劇，此說法是否屬實？如小朋友患上感冒，可以進食甚麼？飲食上有何需要注意？另外，感冒患者何時才可以進食雞肉？

視乎感冒類型

　　註冊中醫師梁金華表示，在中醫角度上，此說法非完全正確。感冒時可否食雞，需視乎患者所患的是何種感冒。一般而言，若患者出現發燒、喉嚨痛等「實熱感冒」的病徵，便不宜進食雞肉；然而，若患者所患的是「虛證感冒」，則進食無妨。

虛證感冒可食

　　何謂「實熱感冒」？「虛證感冒」又是甚麼？梁醫師解釋，感冒有「虛實」、「寒熱」之分，虛證感冒大多發生在體質虛弱、平日易倦、畏冷的人身上，可稱為「虛人感冒」，其臨床表現為怕風、容易出汗、疲倦乏力，且會反覆發作。中醫認為，「虛則補之」，而雞肉性質溫燥，具滋補功效，故虛證感冒患者，可食雞無妨。梁醫師建議，可以生薑煲雞湯，讓患者於感冒時食用，可補虛袪寒，對病情有幫助。

實熱感冒不宜

　　至於實證感冒，可分為寒、熱兩種。實熱感冒的臨床表現為喉嚨痛、痰呈黃色、發熱較重等，因雞肉溫燥，有機會加重病情，故這類患者不宜食雞；而實寒感冒的臨床表現為怕冷、頻打噴嚏、痰白清稀等，這種情況則毋須完全禁食雞肉，但也不宜過量，因為雞肉始終較肥膩，容易困脾生痰，影響治療。

滋補物壯邪氣

　　如小朋友患上實證感冒，則不應過於滋補，否則容易引起中醫所言的「閉門留寇」。中醫認為，感冒的成因是由於外來邪氣入侵人體，造成體內邪氣盛。如患者於邪氣未完全驅除之時，進食滋補的食物，會助長邪氣壯大，增加治療難度。

吃米粥健脾胃

　　梁醫師建議，當小朋友患上感冒，飲食宜清淡，米粥是不錯的選擇。因感冒時，患者的脾胃較差，而米粥容易消化，可振奮脾胃，還有助排汗，使邪氣可順着汗水排出。肉類方面，患者可進食瘦肉等不太肥膩的肉類。至於感冒患者何時才可以再食雞，梁醫師表示，除了虛證患者，其他患者應待感冒症狀消退、完全康復後才食用為宜。

82 早試食材可防偏食？

專家顧問：伍永強 / 兒科專科醫生

食得？　唔食得？

　　曾聽説：寶寶 2 歲後會抗拒嘗試未吃過的食材，所以要避免他們日後偏食，是否應該在 2 歲前讓他們嘗試不同味道的食材？而小寶寶的腸胃脆弱，食物何時可添加調味料呢？種種疑團，由專家來一一破解！

疑團一

Q 避免寶寶偏食，父母應該盡早開始讓他們接觸不同食材？

A 錯！寶寶進食需循序漸進，世界衛生組織建議寶寶 0 至 6 個月大時，除了喝奶外，並不需要進食任何食物補充營養。待寶寶 6 個月大後，才需要逐步訓練他們進食固體食物，目的是讓寶寶脱離奶瓶，使用餐具並學習捲動舌頭輔助吞嚥、吐出食物和咀嚼，建議先給予已打碎的食物，份量也需慢慢增加，切忌心急。

疑團二

Q 在不會鯁喉的情況下，可以給予寶寶進食不同調味料的食物？

A 錯！寶寶的腸胃脆弱，建議在他們剛學習進食固體食物時，可不需添加調味料，讓他們嘗試食物的天然味道，並非沒有調味料的食物寶寶就會覺得難吃。隨後才慢慢給寶寶進食添加少量油、鹽的食物，如稀粥可以撒少許鹽作調味。

由於寶寶身體並不需要吸收這些營養，若過早給他們嘗試刺激性或混合性的調味料，容易令他們引起過敏。如果食材和香料過多，父母亦難以觀察寶寶是對哪種食材敏感。

疑團三

Q 2 歲大寶寶會抗拒新食材？

A 部份正確！寶寶天生對食物有喜惡，所以父母可在他們學習進食固體食物時細心觀察。而寶寶 2 歲時喜愛模仿大人的飲食習慣，更會傾向以該習慣選擇食物。惟只要寶寶的營養攝取均衡，進食的食物種類多寡並不需過份擔心。專家更建議父母給寶寶接觸新食材時，先認清寶寶的學習目標和健康狀況，非盲目讓他們接觸任何食材。

月 / 年齡	寶寶學習進食階段和目標
0-6 個月	• 只需喝奶，不需進食其他食物
6-12 個月	• 主要營養來自喝奶，每天 1-2 次餵食固體食物即可
	• 學習使用匙羹進食，利用舌頭輔助吞嚥食物
	• 學習吐出難以吞嚥的食物
	• 出現對食物的喜惡
1-2 歲	• 學習咀嚼
	• 模仿大人的飲食習慣
	• 學習使用餐具和餐桌禮儀

疑團四

Q 減少寶寶接觸含調味料的食物，可以養成吃得清淡的習慣？

A 對！寶寶年幼時的飲食習慣，雖然可以後天培養，但自幼習慣吃濃味食物，長大後也會偏向吃得濃味，拒絕淡味食物，調味料吃得太多更會影響健康。如父母希望培養寶寶吃得清淡健康，食物只需基本調味及選用天然的調味料，味道也應由淡味開始讓寶寶嘗試。

83

越早試
減食物過敏？

專家顧問：張傑 / 兒科專科醫生

　　作為爸媽，當然希望寶寶擁有健康的身體，其中一個方法就是幫助他們培養良好的飲食習慣，但又擔心其出現食物過敏。有傳聞指出，若越早讓寶寶嘗試不同的食物，有助減低他們患過敏症的機會，真的嗎？

半真半假

坊間有言指，若寶寶早點開始試吃不同食物，可減低他們得過敏症的風險。兒科專科醫生張傑對此表示，此傳聞半真半假，爸媽的確要讓寶寶嘗試各種食物，但是必須有時序，有些食物不適宜太早開始。基本上，所有食物都有引致過敏的可能，但以蛋白質含量高的食物為主，例如奶類、蛋類等；而花生和堅果等，亦是高敏食物。

急慢反應

食物過敏可由先天及後天引致，若爸爸和媽媽同樣有食物過敏的病史，寶寶得病的機率會增加 6 至 7 成。當患者接觸到相關食物，身體會有一系列的對抗反應，產生免疫球蛋白 (IgE) 抗體，而急性反應會於數分鐘內出現，徵狀包括皮膚紅腫和呼吸困難等；嚴重者會休克，危及生命。至於慢性過敏，反應或會於進食後 1 至 2 天才出現，徵狀包括誘發濕疹、皮膚痕癢和腸胃不適等。

加固原則

張醫生指出，爸媽應該待寶寶至半歲大，才讓他們試吃不同的食物，且以少量開始，再逐漸添加。剛開始時，爸媽可讓寶寶先嘗試單一種類食物，並從低敏食物入手，比方蔬菜、水果等。若於試食過程中，寶寶出現痕癢、皮疹等徵狀，就需立即停止吃該種食物，並帶他們盡快求醫，以診斷是否過敏引致的反應。

過敏研究

英國倫敦國王學院邀請了 530 名 4 至 11 個月的寶寶參加一項實驗，他們全部患有濕疹、雞蛋敏感等症，對花生出現過敏風險較高。其中一半人於以色列居住，1 歲前已吃花生製的小食，沒有戒口；另一半則在英國出生，於 1 歲前不吃花生食物。當他們 5 歲時，研究人員再進行評估。結果發現，有吃花生的寶寶，他們患花生敏感比率為 1.9%，沒有吃的則高達 13.7%。

84

甩頭髮
BB 缺鈣？

專家顧問：趙永 / 兒科專科醫生

鈣

先前有則網上熱話，一名外國寶寶擁有濃密如獅子鬃毛的頭髮，教網民驚嘆。其實，因為頭髮屬外貌一環，故不少爸媽都會特別注意其濃疏，希望寶寶有一頭烏黑濃髮。有傳聞指，如果寶寶後腦位置甩頭髮，原來代表他們缺鈣！這孰真孰假？

全身病徵

對於坊間「甩頭髮代表寶寶缺鈣」的説法，趙永醫生表示，此實屬錯誤傳聞。鈣質是人類身體必要的營養素之一，故有所不足的話，寶寶應該全身

皆受影響，出現眾多病徵，而非只是影響後腦位置，導致他們甩頭髮等局部問題。事實上，缺鈣會引起許多特別又明顯的病徵，比方長不高、肌肉無故抽筋等；爸媽不應單單因寶寶身體出現某些問題，如睡眠不佳、較遲出牙等，就推斷寶寶是缺鈣。

恐生腎石

由於相信「缺鈣」傳聞，有些爸媽看到寶寶後腦位置甩頭髮，或打算幫他們額外補充鈣質，例如鈣片等。趙醫生指出，若爸媽真的擔心寶寶有缺鈣問題，應先帶他們向醫生求診，並作詳細身體檢查，弄清其血鈣指數，以數據而非一己觀察或流言就行事。這是因為胡亂補鈣會對寶寶造成影響：當身體有太多鈣質，多餘的會通過尿液排出，或會令他們生腎石，故爸媽宜小心注意。

不懂轉頭

其實，年幼寶寶後腦位置出現脫髮是正常的成長過程，爸媽不用太擔心。寶寶出生只有數個月，他們的頸部尚未發展成熟，故不可支撐頭部去轉動；當他們因久睡而長時間壓着後腦某部份的頭皮，該處與床鋪自然出現較頻繁的摩擦，繼而容易令頭髮脫落。但寶寶4、5個月大時，他們已能自如地控制頸部，睡覺期間可隨意轉頭，不會再長壓着某一部份的頭髮，就能逐漸改善脫髮問題，不藥而癒。另外，趙醫生亦提醒爸媽，只有數個月的寶寶是不應使用枕頭睡覺，這會增加他們猝死的風險。

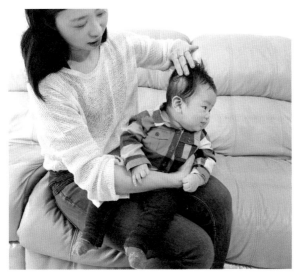

即使發現寶寶後腦有光禿處，爸媽也毋須太擔心。

189

85 | 幼兒可以 飲中藥嗎？

專家顧問：倪詠梅 / 註冊中醫師

　　中醫學已經有數千年歷史，在尚未有西方醫學時，中國人也是靠中藥治病。時至今日，很多家長都會給子女飲用中藥來調理身體。雖然如此，仍有許多家長對於給子女飲用中藥存疑，究竟給孩子飲用中藥是否適合？對他們有沒有害處？

年幼不宜

　　近年很多成人患病都向中醫師求診，認為飲用中藥能夠固本培元，但對於孩子來說，中藥又是否適合？註冊中醫倪詠梅表示，2、3歲的孩子都可以

飲用中藥，而這年紀的孩子常出現的問題是咳嗽及濕疹，或其他皮膚病，主要是因為他們的媽咪體質濕熱，孩子剛出生時亦會遺傳了媽咪的體質，因此而出現濕疹。但是由於中藥成份複雜，來源地不明，因此，不適合讓初生寶寶飲用中藥，他們較適合服用西藥。

份量較少

倪醫師表示，中藥較西藥歷史悠久，從前未有西藥時，中國人也是靠中藥治病，但現在由於有西藥，加上西藥成份較簡單，所以，建議 1 歲以下孩子服用西藥較安全。2、3 歲的孩子如果患上傷風、咳嗽、鼻敏感等，也可以服用中藥治病。

不過，始終孩子年幼，故採用藥材的種類比成人少，而且份量亦較少。中醫一般只會處方 6 至 7 種藥材給孩子，通常會用菊花、白朮、伏苓等，藥味比較淡，而他們所飲用藥的份量大約為 150 至 200 毫升，為成人的三分之一，成份主要視乎孩子的體質而定。倪醫師説，孩子體質臟腑清寧，與成人很大差別，所以用藥簡單，而且份量較少。

有病才服藥

有些家長日常也會給孩子進補，藉以調理身體。但倪醫師認為孩子沒有患病便不需要服藥，即使服藥也需要經醫師處方才可飲用。她表示，孩子屬於強純陽體質，元氣未散，有良好的發育基礎，所以不用進補，過早進補反而令體內激素產生變化，對孩子成長帶來負面影響。

倪醫師認為，黨參、北芪等日常用來煲湯的中藥都不適合孩子服用，而蓮子、百合、沙參及玉竹等較簡單的中藥，則可以給他們服用。倪醫師亦提醒，曾經有一位家長很早便給女兒服用燕窩，最終令女兒早熟，這情況絕不理想。

均衡飲食

倪醫師認為，對於孩子來説，擁有健康的脾胃是最重要，日常生活中，家長只要培養孩子均衡的飲食習慣，減少進食零食，避免影響正餐的胃口，每餐不需進食過量，否則只會傷害脾胃，影響脾胃的吸收能力。另外，盡量於入讀幼稚園前不讓孩子進食雪糕等生冷、寒涼食物；定時定候健康的飲食習慣，便能夠幫助孩子擁有健康的脾胃。

小朋友適合飲涼茶嗎？

專家顧問：麥超常博士／註冊中醫師

　　夏日炎炎，小朋友被高溫弄到汗流浹背，有些爸媽會給他們喝涼茶，希望能幫助其消暑解渴，並強身健體。爸媽當然是一番好意，但是否每個小朋友都適合喝涼茶呢？涼茶其實又有甚麼功效？不如問問中醫師的意見。

清熱解毒

　　飲涼茶可謂香港的傳統習俗，至今已有多年歷史，大街小巷都可發現售賣涼茶的店舖。涼茶外貌不起眼，多為深褐色，有些味道又較苦澀，為何會如此受歡迎？皆因其由多種草藥煎製而成，具清熱解毒等功效，如在日常飲用，就能保健，甚至預防疾病。特別是在夏季，人容易上火、得熱氣或感暑，故

不少人選擇以涼茶消暑和清熱氣。涼茶有很多種類，坊間較常見的有五花茶、廿四味、夏枯草和火麻仁等，而它們亦各有不同的功效。

體質決定

涼茶能清熱解毒，豈不是很適合有「熱氣」的小朋友飲用？註冊中醫師麥超常博士表示未必，事關人人體質不同：如果小朋友是「寒底」，就不宜喝涼茶了，會越飲越虛，身體不但沒有改善，更變得容易生病；若小朋友為「熱底」，因涼茶有清熱瀉火的作用，理論上是適合其飲用的。其實，很多爸媽都曾聽聞這「寒」、「熱」之分，並略知一二，如屬「寒」的人多有手腳冰冷、面色暗淡等症狀。不過，小朋友的症狀不及大人明顯，比方他們手腳本易冰冷，如單靠爸媽的觀察，便去判斷小朋友體質屬性，結果未必準確。

稚陰稚陽

除了體質外，爸媽也需要注意草藥特性和份量的問題。這是因為小朋友是屬「稚陰稚陽」之體質，身體尚未發育完善，稍為錯誤進食，很容易偏寒偏熱。若把小朋友的體質量化，0 度為平性體質，如有 10 度（即為熱氣），假設涼茶中的金銀花 1 錢能清 20 度的熱氣，小朋友喝後，就會變成負數（偏寒），所以只可給小朋友飲用半錢金銀花。

涼茶始終並非普通飲料，或多或少帶點藥性，飲得其法確對小朋友身體有益，但相反沒效之餘，甚至會產生不良影響。故未經中醫師辨證，爸媽不應胡亂給小朋友飲用。麥醫師表示，如爸媽真的想幫小朋友清熱氣，可選擇雪梨水、竹蔗茅根水等，因它們較為平性，比較適合小朋友，但也要謹記用量及考慮小朋友的體質，一切配合得宜才能達到果效。

常見涼茶

五花茶
材料：雞蛋花、菊花等
功效：清熱解毒、利祛濕

菊花茶
材料：菊花、金銀花等
功效：清熱解毒、潤肺止咳

夏枯草
材料：夏枯草、羅漢果等
功效：清肝瀉火、潤肺止咳

竹蔗茅根水
材料：竹蔗、茅根等
功效：清熱利尿、生津止渴

廿四味
材料：苦梅根、相思藤等
功效：發汗解表、清熱解毒

酸梅湯
材料：烏梅、山楂等
功效：生津止渴、開胃消滯

87　1 歲前唔飲
蜂蜜、鮮奶、果汁？

專家顧問：吳耀芬 / 註冊營養師

　　媽媽當然希望寶寶能夠健康地成長，故格外着緊他們的飲食。蜂蜜、鮮奶和果汁都是成人日常會喝的飲料，且看似營養豐富，但坊間有言指，1 歲以下的寶寶不宜喝這 3 種飲料。原因是甚麼？而這傳聞孰真孰假？

正確傳聞

明明蜂蜜、鮮奶和果汁都是營養豐富的飲料，但偏偏坊間有傳聞指，1歲以下的寶寶不應喝這3種飲料，教一眾媽媽甚為費解。而資深營養師吳耀芬表示，這個傳聞實屬正確，因它們對1歲以下寶寶有害無益。

引過敏反應

除了這3種飲料外，1歲以下的寶寶亦應避免吃較容易引致過敏反應的食物，比方海產類、花生和豆類等。這是因為海產較易變壞，對腸道功能未發育完全的寶寶來說，較為敏感。至於花生，它容易引致發炎反應，家族有遺傳過敏者，尤其需要注意；豆類則含高過敏原的蛋白質，容易造成胃氣脹，令寶寶不適。

果汁致腹瀉

不少媽媽會讓寶寶喝果汁，以改善他們的便秘情況。水果的確有豐富的維他命和纖維，但部份卻含較高果糖；如果寶寶只有6個月大或以下，並攝取過量的果汁，他們容易產生腸胃不適、腹瀉和腹脹等問題；故吳建議，寶寶每天不宜喝多於120毫升的果汁。

蜂蜜易中毒

原來，蜂蜜在釀製過程中容易受到肉毒桿菌的污染，而寶寶抵抗力弱、腸胃功能尚未發展成熟，所以進食蜂蜜後，容易引致腸胃炎，甚或有中毒的風險。世衞就曾表示，此食物並非身體主要的能量來源，故1歲以下的寶寶不應吃蜂蜜；即使年歲已稍增，也淺嚐為佳。

鮮奶阻成長

對不足1歲的寶寶而言，鮮奶的鈣、磷等含量較母乳為高，容易加重其腎臟負擔，故他們並不適宜飲用。而且，鮮奶的鐵質及維他命C含量較低，或會阻礙紅血球的製造，影響寶寶腦袋及身體的成長。再加上鮮奶含較高酪蛋白，在寶寶胃部容易形成乳凝塊，影響其腸胃消化。

88

飲翻煲水
易致癌？

專家顧問：洪之韻 / 兒科專科醫生

有傳言指，食水不宜翻煲，否則會釋出有毒物質亞硝酸鹽，寶寶長期飲用對身體有害，甚至致癌，為何會有此說法？當中所言又是否真確？

萬物賴水為生，食水是地球上最珍貴的資源。可是，世上並沒有完全純淨的天然食水，一滴水含有多種人體不可缺少的微量元素，同時亦含有一些化學物質，吸收過量可能影響健康。

含多種物質

　　人類社會急促發展，同時對環境造成污染，工業廢料、畜牧業飼料等影響水源，令一些有毒物質進入水系統，例如阿摩尼亞（Ammonia）、硝酸鹽（Nitrate，NO3 –）和亞硝酸鹽（Nitrite，NO2 –）。

　　兒科專科醫生洪之韻引述美國疾病控制與預防中心的指引表示，食水中的一些物質，例如硝酸鹽及亞硝酸鹽，的確有可能致癌，但還要視乎物質含量，加上吸收後在人體內發生特定化學作用，才有機會構成癌症。

　　洪醫生解釋，硝酸鹽本身並無毒性，但可以在人體內轉化成有毒的亞硝酸鹽。在某些情況下，這兩種物質都可以跟人體的氨基酸合成，引發癌症，但科學界仍需作多番實驗以作證實。

定期洗水煲

　　對於翻煲食水會釋出亞硝酸鹽一說，其實並不正確，因為亞硝酸鹽本已存在於食水中，問題是食水在煲沸的過程中，水份會氣化成蒸氣，當中的化學物便會沉澱。如果將一壺食水不斷翻煲，水份會越來越少，而化學物則會沉積於底。

　　香港家庭普遍使用電熱水煲，但未必有定期清洗，壺底的水經過不斷翻煲，水中物質如硝酸鹽及亞硝酸鹽便會不斷沉積。因此，洪醫生建議定期清洗水煲，每次煲水前，應倒走壺底剩餘的積水，便可確保安全。

港食水達標

　　至於香港的食水質量，水務署有嚴格管制，必須合乎世衛標準，方可供給市民使用。根據政府報告，香港水質在多方面均達標，當中的硝酸鹽及亞硝酸鹽含量，更遠低於世衛建議範圍。洪醫生認為，按照報告所言，理論上我們不會透過水而吸收太多有毒物質，爸媽不用擔心。

香港食水質量

化學物質	監測結果（平均值）（04/2016- 03/2017）	世衛 2011 準則值	是否達標？
硝酸鹽（Nitrate）	4.0	50	是
亞硝酸鹽（Nitrite）	<0.004	3	是

資料來源：香港水務署食水水質摘要報告

89

BB 飲水
幾多至夠？

專家顧問：伍永強 / 兒科專科醫生

　　水可說是我們生存和生活的必需品，常常聽說一天要喝多少水才健康；但水對於初生嬰兒來說，也那麼重要嗎？究竟寶寶應該如何正確地飲水呢？

半歲前 不需飲水

　　由於初生嬰兒的腎功能十分弱，所以伍永強醫生建議 5 至 6 個月以下的嬰兒都不需要飲水。除非是寶寶生病要吃藥或清潔口腔時，可讓他們飲少量的水。其實，寶寶在日常的母乳或奶水中，已能吸收到足夠的水份；然而，當 6 個月以上的寶寶開始進食固體食物後，媽媽便可開始讓他們喝少量的水。

勿強迫飲水

　　很多媽媽都認為夏天來臨，就算寶寶沒有大量出汗，也應該要比平日多飲水。不過，伍醫生建議，媽媽讓寶寶飲水最好順其自然，不必刻意，更不應

逼迫他們。當寶寶在進食固體食物後，如吃完粥、糊仔等，一般都會覺得口渴；媽媽可在寶寶吃完的半小時內，給他們補充一些水份，但並不一定要局限於清水，如果汁、湯水等，都是不錯的選擇。

習慣要培養

口渴想喝水是一種生理需要，想要寶寶養成喜歡喝水的好習慣，一點也不難。父母可留意以下各點：

- 平時不應讓寶寶經常飲用較甜的飲品，就算是鮮榨果汁也好，亦應先加水稀釋，再讓他們喝下。
- 當寶寶開始學走路時，一般會顯得比較反叛，或會對喝水出現抗拒。要是這樣，父母勿強迫他們喝水。
- 寶寶吃完食物或運動過後，可能會有口乾情況，父母應及時讓他們補充水份，皆因在他們有需要時，能及時提供，會較容易讓他們接受。

飲水要適量

雖然我們的生活離不開水，但適當地控制飲水量也十分重要。對於寶寶來說，過量或不足都會引起嚴重的後果。

過量

- 5 至 6 個月以下寶寶：由於這個階段寶寶的腎功能十分弱，當吸收過多的水份時，縱使他們的排尿次數有所增加，也難以將多餘的水份排出體外，因而可能引起水中毒。此時，寶寶血液中的鈉質會降低，血液的濃度會變淡，這些都會影響體內的細胞運作。水中毒的後果可以十分嚴重，寶寶不僅會出現抽筋的情形，還會破壞其腦部組織，當有其他疾病時，還會令病情加重。
- 6 個月以上寶寶：這個階段的寶寶，其腎功能比初生時成熟，能處理體內多餘的水份，但亦會出現不停喝水及排尿的情形，就是俗稱的「瀨尿」。尿床雖然是小事，但這現象也可能是其他疾病的徵狀；嚴重時，可引發尿崩症。當寶寶多喝水時，在體內荷爾蒙的調節下，會分泌較少的抗利尿素，因而導致多尿。久而久之，會令內分泌和腎臟失調，從而引發其他疾病。因此，父母最好不要養成寶寶用奶瓶喝水的習慣，因他們可能會對奶瓶產生依賴，而不自覺地喝多了水。

不足

無論甚麼階段的寶寶，在補水不足時，均會引致便秘、尿濃等現象。父母可在出現這些情況時，適量地為寶寶補充水份；如果在寶寶出現腹瀉嘔吐或發燒時，身體又水份不足的話，有機會出現脫水問題，並影響其新陳代謝。

90

不可以用
礦泉水沖奶？

專家顧問：吳耀芬 / 註冊營養師

不少香港媽媽都是採用奶粉餵哺寶寶，故對奶粉的質素十分緊張，並希望確保產品供應充足。但其實除奶粉之外，沖泡奶粉的水亦很重要，那麼以樽裝礦泉水來處理，豈不是更有營養或衛生保證？

作為爸媽，當然非常着緊寶寶的健康，而食品安全乃其中一環，難怪之前令全港議論紛紛的鉛水事件，就格外引起爸媽關注。啟晴邨等屋邨的食水被發現含鉛量超標，其為重金屬，攝入會影響小朋友的健康，特別是智力發展方面。正因如此，爸媽為免寶寶飲用到含鉛的自來水，或打算改用樽裝礦泉水來沖泡奶粉。

排泄負擔

但坊間同時有傳聞指，礦泉水其實不適宜拿來沖泡奶粉，因內裏的礦物質會影響寶寶的健康。資深營養師吳耀芬對此表示，這個傳聞內容屬實，爸媽應該避免使用礦泉水沖泡奶粉。與一般自來水相比，礦泉水的鹽份及礦物質含量較高，但寶寶的腎臟尚未發育完全，長期飲用會加重他們的排泄負擔，對身體造成影響。

煮至沸騰

既然礦泉水不宜拿來沖泡奶粉，那麼蒸餾水呢？吳表示，如果爸媽不想以自來水沖泡奶粉，蒸餾水可以是另一個選擇，但同樣必須先把水煮至沸騰，不能直接取用。

原來奶粉一定要以不低於70度的水來沖泡，這樣才能更保障寶寶的健康。

少喝飲料

除了礦泉水之外，年幼的寶寶還不適宜喝以下 3 種飲料：

- **含咖啡因飲品**：它們會刺激心臟、腦部神經等，令寶寶感到亢奮不安，影響生理時鐘；例如茶、可樂和咖啡等。
- **碳酸飲料**：二氧化碳會刺激寶寶的腸胃及引起腹脹，不適感亦會減低其食慾，造成營養不勻；例子為汽水和梳打水等。
- **果汁**：因其糖份高，容易造成蛀牙，寶寶也有可能因飲用果汁而影響正餐胃口，減少營養攝取，比方膳食纖維等。

91 苦瓜、薯仔
攪爛醫濕疹？

專家顧問：陳湧 / 皮膚科專科醫生

　　很多寶寶都有濕疹問題，皮膚經常又癢又紅，令媽媽十分擔心。坊間有言指，如用攪至蓉爛的苦瓜或薯仔敷在寶寶濕疹患處，對其病情會有幫助。究竟這個傳言孰真孰假？還是反而會令寶寶情況變差？

易出現過敏

　　對於「苦瓜或薯仔有助治療濕疹」之說，皮膚專科醫生陳湧表示，現時並無醫學證實它有效。其實，偏方不是人人適用，媽媽在考慮使用時，必須多加小心，宜注意份量，特別是寶寶皮膚十分幼嫩，更容易造成「接觸性皮膚炎」，即出現所謂過敏反應──痕癢、紅疹。

由於人人的致敏原不同，若寶寶碰巧對苦瓜的生物鹼過敏，這偏方就會使其濕疹問題變得更嚴重。再者，寶寶濕疹多發生在臉頰位置，而該處皮膚又比較薄，也會增加寶寶出現接觸性過敏的機率。

乾燥致濕疹

其實，濕疹包括許多種皮膚問題，而「異位性皮膚炎」是最為常見的類型，它有好幾種成因。首先，遺傳基因，寶寶的基因使其免疫系統過度活躍，即使是微小的外界刺激，身體也會產生很大的反應。其次，皮膚質素，寶寶皮膚如屬油性，會較少出現濕疹問題，因為皮脂有助保護皮膚。但若是乾性，皮膚乾燥、脫皮，甚至有微細傷口，致敏原就容易接觸到皮膚，出現過敏反應。最後，季節轉變，如上文所言，乾燥會使致敏原「趁虛而入」，季節加上天氣轉變等乾燥情況也會導致寶寶濕疹發作。

日常重護理

既然偏方的功效成疑，甚至會弄巧反拙，媽媽又有甚麼方法可緩和寶寶的濕疹病情呢？陳醫生指出，如果寶寶患有濕疹，他們日常生活的護理其實也十分重要，而媽媽可從以下 3 方面着手：

洗澡宜短

皮脂對皮膚有保護作用，所以媽媽替寶寶洗澡時，水溫要適中，不宜過熱，時間也不要太長，以免洗走皮膚上的油脂。洗澡後，亦要替寶寶塗抹性質溫和的潤膚露，以滋潤皮膚，避免乾燥。

注意清潔

塵蟎等亦是常見的致敏原，故媽媽要注意家居清潔，避免塵埃積聚。特別是寶寶經常會接觸到的用具，比方床單、枕頭套等，媽媽應較頻繁替換，最少一周一次，以保持清潔衞生，防止塵蟎滋生。

聽從醫生

若寶寶患有濕疹，醫生通常會向他們開處含有類固醇的藥物，但成份濃度各有不同，所以媽媽要聽從醫生的指示，按時按量以處方藥品塗抹寶寶患處，不要隨便亂用。

苦瓜　　　　　　　薯仔

92 飲奶不足
影響腦發育？

專家顧問：伍永強 / 兒科專科醫生

　　無論是母乳媽媽還是奶粉媽媽，面對奶量不足、寶寶不肯飲奶的情況時，一顆心都懸在奶瓶的刻度線上，擔心寶寶吃不飽。0 至 2 歲是寶寶腦部快速發育的時期，若寶寶進食的奶量不足，營養不夠，會影響他們的腦部發展嗎？

寶寶厭奶期

　　兒科專科醫生伍永強指出，寶寶其實天生就懂按自身的需要，調節進食的奶量，而每個寶寶的發育情況、對奶量的需要均有差異。寶寶到了 2 至 3 個月時，可能會出於暫時不想吃奶、注意力投放到玩樂上等原因而拒絕飲奶，均是正常現象。如果寶寶肚餓時，自然會進食他們需要的份量，或以啼哭的方式提醒爸媽還未吃飽。相反，伍醫生提醒爸媽，若餵哺寶寶的時間超過半小時，寶寶仍未進食到爸媽心目中應有的「份量」，也不必勉強，因為這代表寶寶已吸收他們需要的足夠奶量了。若寶寶因長期厭奶而導致生長線不達標、營養不良，則要求醫檢查，看是否因腸胃問題或其他不適導致寶寶不願進食。

母乳更全面

　　不少廣告特別標榜母乳或奶粉中的某些成份有助寶寶腦部發展，那是否飲奶越多的寶寶越聰明？伍醫生指出，除非寶寶營養不良，否則奶量的多少與腦部發展沒有直接關係。餵哺時，爸媽仍需按照寶寶發育需要，以及不強行過量餵哺這兩個原則進行。現時已有不少研究指出母乳對寶寶的整體發展，包括腦部發展帶來更全面營養。若因媽媽身體、工作情況，或者寶寶的體質而不適合餵哺母乳，而需要選擇嬰幼兒配方奶粉的話，伍醫生提醒家長，市面上不同牌子的配方奶粉營養價值大同小異，沒有好壞之分。

腦生長關鍵

　　除了食物營養因素，寶寶腦部發育與周圍環境的人、事、物的刺激，以及與照顧者建立的依附關係有關。寶寶透過肌膚接觸，例如媽媽餵哺的過程，以及在爸媽的擁抱中，能建立安全感。另外，培養寶寶規律的生活作息時間，多給寶寶正面的回應，亦有利寶寶腦部發展。

93 腹瀉或便秘
要改奶粉濃度？

專家顧問：張傑 / 兒科專科醫生

　　腹瀉和便秘看似是兩種截然不同的情況，但根據網上的傳聞，兩者都能靠一種東西改善，答案就是奶粉。有媽媽表示，若小朋友腹瀉，就要把奶泡稀一點；如是便秘，則需將奶泡濃一點。以上的做法到底正確嗎？

錯誤傳聞

坊間有言指，如果小朋友腹瀉，媽媽可以把奶泡稀一點，助其止瀉；若是便秘的話，則需將奶泡濃一點，就能幫小朋友排便。兒科專科醫生張傑表示，這實是錯誤的行為，起源或與醫療不發達有關。在那些比較落後的地方，當小朋友有腹瀉或便秘的情況，往往只可以在奶水方面作調整，例如次數和濃稀度；久而久之，便形成這樣的傳聞。

減少乳糖

根據現代醫學理論，如小朋友有急性腹瀉，讓他們喝較稀的奶其實是沒有效用的，它只會改善後期的大便狀況。這是因為在腹瀉時，小腸絨毛上的酵素會被破壞，若繼續喝大量含乳糖的奶水，會令大便含較多水份。故在「修復期」，媽媽可以減少小朋友對乳糖的吸收，方法包括將奶泡稀、轉喝豆奶、增加半固體或固體的食物份量等。

影響吸收

至於「便秘喝濃奶」的原理亦與上者相似：因乳糖量含量較高，增加大便的水份，產生便意。不過，以調整奶粉濃度來改善小朋友腹瀉或便秘的情況，實屬治標不治本，且不一定有效。雖短期是沒有影響，但若沒有節制地將奶泡稀，會影響小朋友對營養的吸收。另外，如他們長期喝濃奶，容易造成脹氣，甚或導致消化腸道負擔過重。

先觀察後檢查

其實小朋友的大便有任何轉變，比方次數、氣味、質地和顏色等，可能沒有特別的原因，或是與他們進食的食物有關而已。所以張醫生建議，若情況只維持數天至一星期，而小朋友又沒有其他問題，媽媽能先觀察；當然如腹瀉較嚴重，就最好求診，以免出現脫水。至於便秘，媽媽可先在小朋友飲食、如廁方面着手；假若無效，也可讓醫生先作檢查，並用藥治理。

調整奶粉濃度，只是治標不治本之法。

94

瞓住飲母乳
易有中耳炎？

專家顧問：劉成志 / 兒科專科醫生

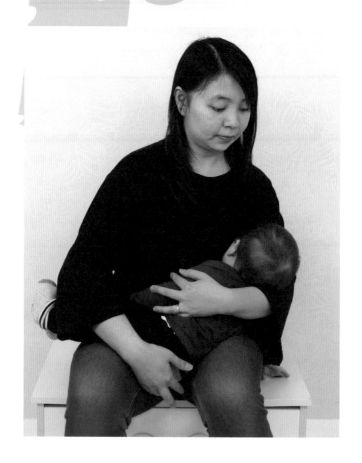

　　急性中耳炎可謂常見的小兒感染，相信不少爸媽都聽聞過，是由傷風感冒的病毒或細菌引致。但坊間原來還有一個說法，指寶寶躺着喝母乳，會導致他們容易患上中耳炎，背後其實有否根據？

舊時說法

在十多年前的教科書，其實載有躺着喝奶 (不單是母乳)，會較容易導致中耳炎的說法。若分析中耳的結構，耳膜裏有一條導管，名為耳咽管，將中耳與喉嚨相通，以感受外間氣壓；如耳咽管是暢通的話，就能平衡內外氣壓，耳膜就不會穿。以前的教科書指，躺着喝奶時，液體會容易倒流，從喉嚨透過耳咽管流至中耳，引致中耳炎。

致腦膜炎

但以上已為舊時說法，現在臨床認為，躺着喝與中耳炎之間並無因果關係。傷風咳嗽時，病毒透過喉嚨從耳咽管走至中耳，若導致發炎，耳咽管會不順暢，出現閉塞，內裏就會發炎、積水積膿，令耳朵生痛。另外，因中耳位置十分靠近腦部，病毒有機會從中耳走上腦，導致腦膜炎，有即時危險。所以若醫生於臨床上未能分辨是病毒還是細菌，都會傾向使用抗生素治療中耳炎。

影響聽力

兒科專科醫生劉成志表示，有些寶寶的耳咽管較窄，且因其靠近一個名為腺樣體的淋巴組織；若寶寶腺樣體較肥大，就會阻塞耳咽管，容易導致中耳炎不斷復發。另外，當發炎時，那些膿液還在裏面，未能清出，有些寶寶就會出現中耳積水，即時影響其聽力；若中耳積水不能自行消退，久而久之，膿液變得越來越稠，長遠也會影響聽力。

手術處理

約有八成人的積水會於 2 個月內消退，但餘下一兩成不理會的話，就會永久影響聽力；即使將來清除了積水，聽力也不會完全康復，因已造成不能逆轉的傷害。若寶寶中耳積水於 2 個月內沒消退，就要找耳鼻喉科醫生處理，以手術形式，置導管於耳膜裏，讓膿液流出。另外，若寶寶的中耳炎經常復發，耳鼻喉科醫生便會切除他們的腺樣體，令其不會再阻塞。

95

飲母乳
易蛀牙？

專家顧問：區雄安 / 兒童齒科醫生

母乳的好處眾所周知，不少醫生都建議媽媽以母乳餵哺初生嬰兒。可是，近期有傳聞稱，長期餵哺母乳會造成嬰幼兒蛀牙，究竟是否真有其事？

餵哺次數

兒童齒科醫生區雄安指出，現時雖未有研究顯示餵母乳和蛀牙有直接關係，但母乳當中含有糖份，當媽媽給寶寶餵哺母乳越頻密，牙齒接觸糖份的

時間越久，繼而發生蛀牙的機會也越大。其實不單是母乳，寶寶飲用配方奶粉的情形亦一樣，因奶粉也含有糖份，攝取次數過多同樣會導致蛀牙問題。

口腔護理

再者，父母沒有為寶寶及時進行適當的口腔清潔，讓母乳殘留在口腔，口腔內的細菌便藉着殘留的乳糖產生酸素，漸漸形成蛀牙。故此，寶寶進食母乳頻密，加上未有及時清潔口腔，便增加患蛀牙的風險。

預防措施

針對此問題，媽媽宜控制寶寶吃奶的次數，不論是母乳還是配方奶粉，餵奶的次數亦不應太多。而且，媽媽需要觀察寶寶真正的進食需要，避免他們甫哭便餵奶，以減低蛀牙風險。其二，媽媽要為寶寶做好日常口腔清潔；宜早晚刷牙，而每次餐後都刷牙就更理想。同時，媽媽亦應在寶寶開始出牙後，為其安排定期的兒童齒科檢查。牙醫會講解如何進行日常的牙齒護理，亦會檢查寶寶有沒有初期蛀牙，並適當地處理，減低蛀牙惡化的機會。

口腔清潔 3 階段

寶寶長出乳齒時，可因應不同階段而有各種清潔方法。其中，區表示可分為以下 3 個階段：

階段 1—未出牙時：

在每次喝奶後，以浸泡過溫水的紗布清潔寶寶的口腔，可抹走寶寶口腔內殘留的液體，亦訓練寶寶接受照顧者幫助清潔口腔，日後學習刷牙的過程便易於進行。

階段 2—出第一顆牙後：

以幼兒牙刷清潔，這種牙刷的特點是以手指套形設計，父母可把牙刷套在手指上，為寶寶清潔乳齒。

在寶寶未懂吐出牙膏時，宜使用無氟牙膏刷牙。

階段 3—長牙數目增加時：

用細頭、軟毛的兒童牙刷進行清潔，並沾上牙膏，刷淨乳齒。為防止寶寶把牙膏吞下，這個階段宜使用無氟牙膏，待寶寶學懂吐出牙膏時，便可使用有助防止蛀牙的有氟牙膏刷牙。

寶寶刷牙時，宜用細頭軟毛牙刷。

96

飲母乳
BB 容易肚餓？

專家顧問：Joyce Li/ 母乳餵哺顧問

咕嚕
咕嚕

　　母乳是寶寶最健康的食物，但有媽媽可能懷疑，為何母乳寶寶吃奶的次數，比吃配方奶粉的寶寶較頻密，是否代表只吃母乳不足夠或容易肚餓？以下就由專家解開這個疑團吧！

較容易消化

　　喝母乳的寶寶是會比較易餓，因為母乳成份比較容易讓初生寶寶未完全發展的腸臟吸收和消化，如母乳中的乳糖、蛋白、脂肪等分子較細，也比較容易被分解成較細小的粒子。另外，母乳中的多種成份能保護和強化寶寶腸臟，例如乳鐵蛋白，可追蹤有害細菌，保護寶寶免受細菌等病原侵害；而雙歧桿菌則能夠營造幫助消化的環境，因此寶寶消化和吸收母乳會較快，有助其腸胃發展得更健壯。有研究顯示吃母乳的寶寶每次吃奶所需的消化時間是 48 分鐘，而吃配方奶粉寶寶所需的消化時間則為 78 分鐘，也即是說，母乳較易吸收和消化，令寶寶吃奶的次數較頻密，才予媽媽不夠飽之感。

每日食 8 至 12 餐

有些媽媽可能會有誤解，認為寶寶吃母乳太頻密，可能會對腸胃造成負擔。母乳餵哺顧問 Joyce 表示，每個寶寶胃口不同，寶寶感到需要時就要餵哺，出現每餐食量不同的情況是正常的，媽媽不用擔心，寶寶通常都能自己決定要食多少，當他們食飽後就不會再用力吸吮。反而使用奶樽餵奶就需要小心，因為奶樽比較易吸吮，寶寶有可能會進食過量。若是初生寶寶，餵母乳的次數約 3 小時一次，也可以視乎寶寶情況而添加次數，普遍一天大約餵 8 至 12 次。每一餐後，寶寶都應該會排泄。

養份會轉變

母乳當中的成份會隨着寶寶的需求而變動，媽媽的身體會由分娩起計，為寶寶生產出不同養份的母乳，如寶寶剛出世時，身體最為虛弱，缺少免疫能力，因此初乳含有豐富的抗體，還有許多不同的免疫成份；之後當寶寶的抵抗力增強，母乳中的免疫成份就會減少，而轉變為可幫助寶寶預防腸疾病、癌症等營養成份。

食足前後奶

當乳房脹大時，母乳的乳醣與乳清蛋白比例較高，而水份較多、顏色較清的就是前奶；當寶寶食了 10 分鐘左右，乳房變淋、鬆軟時，母乳顏色會越來越白、脂肪成份的比例增加，營養較多的則是後奶。專家稱，後奶雖較為健康，但媽媽不需要太執着於前奶與後奶的分別，因為前後奶只是母乳分泌過程中的漸進式變化。餵哺寶寶時，可先餵完一邊乳房的前後奶，才轉另一邊，媽媽也不要因前奶較稀而擠走，只餵後奶，這樣只會浪費母乳，令寶寶食不飽。若媽媽真的奶量不夠，可以泵奶，因寶寶只能吸取乳房當中的 70% 奶量，泵奶就可以將之取盡，而當媽媽取奶需求越大時，奶量供應亦會日漸增多。

參考排泄量

在寶寶 6 個月大之前，除非經醫生診斷過認為有需要，不然，不應給寶寶進食任何副食品（包括水）。至於如何判斷寶寶是否吃不夠，則需要向醫生查詢，媽媽亦可以參考寶寶的尿量和大便量來作參考，例如寶寶出世 5 天後，應該每天有 6 次小便及 2 次大便。家長亦應定期為寶寶磅重，因這也可以衡量其體重的增加幅度是否達標。

97

有濕疹
戒母乳？

專家顧問：劉成志 / 兒科專科醫生

　　如果寶寶患有濕疹，皮膚又乾又癢的樣子，爸媽看到自然心痛。坊間有言指，濕疹問題與食物甚有關係，而奶屬致敏原之一，母乳作為奶水，也應戒喝之。有濕疹要戒喝母乳，到底這傳聞孰真孰假？

與食無關

坊間有傳聞指，如果寶寶患有濕疹，他們應該要戒喝母乳，因為奶屬於致敏原之一。劉成志醫生對此說法表示不認同，並指濕疹與飲食，兩者之間其實是沒甚麼直接關係的。他再援引美國最近的一項研究報告指出，有證據顯示濕疹的發生，主要是因為患者的皮膚免疫系統出現了問題，繼而影響到他們皮膚的功能，令其有發炎、水份流失、紅腫等情況發生，導致濕疹。

建議母乳

理論上，母乳是最適合寶寶的食物，因內裏的蛋白質屬於人類蛋白質。故即使相信食物與濕疹兩者之間有關係，母乳也應該是最低的致敏原；與其相比，例如牛奶、奶粉等外物蛋白才更容易引起敏感。因此爸媽或聽聞過牛奶蛋白敏感 (Cow's milk allergy，簡稱 CMA)，卻鮮聞有母乳敏感。其實如寶寶有濕疹，不希望有外物去造成刺激，醫生會更建議媽媽轉採母乳餵哺，而非戒之。

一成終生

有些寶寶的免疫系統會隨着長大而慢慢變得成熟，濕疹問題漸漸就會得到改善：有七成的寶寶到 1 歲時會有好轉，九成 3 歲時會康復，而餘下的 10% 就可能是終生了。面對濕疹患者，醫生一般會採用藥物治療，以達控制之效，讓此病不會影響患者的日常生活。但假若其病情較差，醫生下一步就是使用類固醇，或是免疫調節劑藥膏，也處方一些抗過敏藥，令患者不會覺得那麼癢。

濕包處理

不過，因為寶寶年紀尚幼，兒科醫生大多會處方外敷藥物；情況嚴重者，才使內服類。另外，保濕、潤膚是控制濕疹第一道防線，爸媽日常應多替寶寶塗抹潤膚露，如其情況較差，甚至可以用「濕包法」。晚上時，以繃帶、潤膚露等包裹寶寶的皮膚，就似木乃伊；市面上亦有濕包用的衣物售賣。當然如果寶寶病情欠佳，醫生可能會要求他們留院數天，以控制其病情。

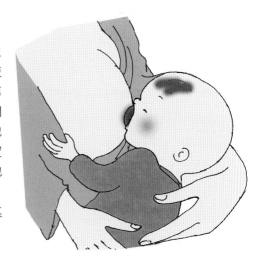

98 豆乳配方奶粉 營養低？

專家顧問：柯華強 / 兒科專科醫生

豆乳配方奶粉

　　有牛乳敏感、乳糖不耐症的寶寶，在選擇配方奶粉時，最常見的是揀選豆乳配方奶粉。但除不能飲用牛乳的寶寶外，其他健康的寶寶能否選擇飲用？它的營養價值又會否比普通配方奶粉低嗎？

相同營養價值

　　豆乳配方奶粉是以大豆作為基礎，讓寶寶吸收當中的植物性蛋白質，以代替普通配方奶粉中的動物性蛋白質，在營養價值方面，兩者沒有差別。因普通配方奶粉是用牛奶作基礎，當中含有乳糖及動物蛋白；反之大豆就沒有，

所以有乳糖不耐症的寶寶，可選擇飲用豆乳配方奶粉。

　　寶寶患有乳糖不耐症，體內難以分泌出乳糖酶來分解牛奶中的乳糖，導致腹瀉、嘔吐及肚風，所以這類寶寶建議以母乳餵哺，或轉飲豆乳配方奶粉。另外，因腸胃炎肚屙後的寶寶，體內的腸酵素會偏低，不能消化乳糖，建議可以短期飲用豆乳配方奶粉，待腸胃回復健康後，再飲用原本的配方奶粉。

健康 B 不用飲

　　選擇豆乳配方奶粉時，通常不用為寶寶額外提供鈣質補充劑，因為豆乳奶粉的配方中已添加了各種營養。它所提供的養份實與普通配方奶粉無異，寶寶只要按照需要，每日吸取所需份量，便能得到足夠的營養。由於豆乳配方與普通配方的奶粉營養成份相若，但價錢卻較貴，所以柯醫生並不建議健康寶寶甫出生就飲用，除非是肚屙後的寶寶，就可短期轉飲，要是無特別原因的話，就不用選擇豆乳配方奶粉。

轉飲守則

　　不過，父母真的想寶寶飲用豆乳配方奶粉的話，就要注意不要以一半豆乳配方與普通配方的奶粉混合沖調，因為這樣除失去豆乳配方奶粉不含乳糖的意義外，亦會打亂奶粉的營養配方。此外，若寶寶是由普通配方奶粉轉飲豆乳配方奶粉，在適應期間可以逐漸增加豆奶配方奶粉的次數，不用於所有飲奶時間轉飲，以免寶寶難以適應。

配方奶粉種類多

　　市面上有很多不同的奶粉，除了品牌眾多的普通配方奶粉，以及供乳糖不耐症寶寶飲用的豆乳配方奶粉外，亦有些專為特別體質寶寶而設的奶粉，如專給早產、氨基酸酵素缺失等，均是特別配方奶粉，其中一種是水溶性蛋白質配方奶粉，是供對牛奶嚴重敏感的寶寶飲用。

　　不論是甚麼類型的配方奶粉，柯醫生都提醒父母要用該配方奶粉附有的奶粉匙，按照奶粉罐指示的份量沖調。另外，沖調配方奶粉時不建議多加奶粉或水令奶過濃或過稀，還有就是 6 個月以上的寶寶，需進食其他食物，以確保營養足夠。

99 用鹽洗水果更衞生？

專家顧問：張傑 / 兒科專科醫生

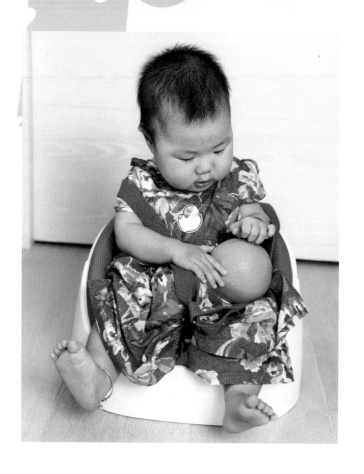

　　炎炎夏日，最適合就是躺在家中吃水果，既解暑又清熱，簡直是人生一大快事！但現時的水果很多都有農藥，令爸媽感到很憂心。經常聽説用鹽洗水果更衞生，究竟是不是正確？如何才是正確的處理水果方法？

勿用鹽洗

　　兒科專科醫生張傑指出，用鹽洗水果並不是正確的做法。遊戲法是將烹調的想法運用在清洗水果中，基本上沒有根據的。很多爸媽認為，用鹽洗水果給小朋友吃，便可以將農藥或污穢物清洗掉，是個錯誤的想法。在清洗的過程，鹽有機會改變了水的滲透度，反而更容易把原本洗掉的農藥，滲進到水果裏面。其實，清洗水果最正統的做法，是用清水合理地沖洗一段時間，這樣做會較安全。

置於室溫

　　很多家長認為，買回來的水果應立即放於冰箱，主要原因是害怕因天氣炎熱導致水果變壞。其實，水果上的農藥殘留會隨着溫度變高而逐漸降低，因此水果放於室溫內，農藥反而容易因與氧氣結合而完全揮發，自然代謝。將水果放置於冰箱，反而無助於其表面的農藥揮發，適得其反。如家長害怕水果因為天氣問題易於變壞，可放於陰涼通風處。

掌握技巧

　　市面上清洗水果的方法各式各樣，除了用鹽外，還有用醋、小蘇打等清洗方法，其實很多農藥都是水溶性，透過清水清洗，即可達到去除農藥的效果。只要正確的沖洗、輕刷或削皮就能輕易去除水果表面的大部份殘留農藥，但必須掌握一些技巧，以下會提供一些清洗的方法，供大家參考。

以水沖洗

　　買回來的水果，一定要先清洗乾淨才可給小朋友進食，部份水果需切除蒂頭、根部後才可清洗。很多家長忽略清洗的時間與過程，掌握這兩個要訣才是關鍵。清洗的過程約 15 分鐘，水量可控制在水流呈現一直線，並讓水不斷流動，讓藏在水果的農藥透過水流帶走。部份水果可輕刷或削皮，而這需視乎水果的種類而定。

100 6個月後
母乳冇營養？

專家顧問：林茵怡 / 國際哺乳顧問

　　很多人都知道母乳蘊含豐富的營養，對寶寶有眾多益處。但是坊間有言指，母乳的營養原來有期限，當寶寶 6 個月大，它便會失去營養。這種說法孰真孰假？寶寶滿 6 個月後，是否再不需喝母乳？

誤解指引

　　國際哺乳顧問林茵怡表示，坊間「母乳 6 個月後沒營養」的說法實為錯誤，她推測這或與誤解有關。根據世界衛生組織發表的母乳指引，寶寶在出生後首 6 個月宜以純母乳餵哺，並不用喝水、果汁或葡萄糖等；6 個月後，他們則

開始吃固體食物，誤以為母乳變得沒營養。　　　　*母乳能提供抗體，讓寶寶健康地成長。*

母乳成份	
營養成份	水、蛋白質、脂肪、礦物質等
非營養成份	抗體、細胞、荷爾蒙、成長因子等

可開始吃固體食物，如飯、糊仔等。或許有人錯誤理解指引，以為寶寶 6 個月後要吃固體食物，開始減少吃奶，便代表母乳變得沒有營養，故才出現此說法。實際上，母乳並不會因年期而減少營養，世衞也建議媽媽以母乳餵哺寶寶，時限甚至可長達 2 歲或以上。

母乳營養

母乳的營養雖然不會減少，但不代表其成份一成不變。它會隨着媽媽的飲食、寶寶的年歲等因素而不同，這些變化主要是為了回應寶寶每個階段的需求。最常見的例子就是前乳及後乳，前者含較多乳糖，而後者則有較多脂肪。另外，母乳不只富含營養，更有各式非營養成份，以幫助寶寶健康成長。

抗體為重

寶寶 6 個月大後，需要更多的營養素來讓身體成長和發展，故要開始進食固體食物，以得到足夠的營養，喝奶量則逐漸減少。但是，母乳的重要卻不會因而降低，主因便是其非營養成份：即使 6 個月後，母乳照舊含有免疫抗體，而這些成份並不存在於奶粉或食物之中。它們能減低寶寶患上各種疾病的機會，例如胃炎、肺炎和中耳炎等。林指出，隨着寶寶年歲日長，他們與外界的接觸亦會增多，但其免疫系統其實尚未完善，甚或更容易生病，故母乳對寶寶仍是不可或缺的重要食物，以助對抗疾病。再加上母乳餵哺是建立親子關係重要的一環，即使寶寶開始吃固體食物後，也應繼續。

101

BB 厭奶
有何改善法？

專家顧問：容立偉 / 兒科專科醫生

奶是寶寶的主要食糧之一，特別對於初生首 4 個月的寶寶來說，更加是全奶期，但寶寶竟然不肯吃奶，為甚麼會有這情況出現呢？到底有何良方可改善寶寶厭奶的問題？

兒科專科醫生容立偉表示，寶寶厭奶主要有兩大原因，就是生理性厭奶和病理性厭奶。

湊仔、育兒 好幫手

生理性厭奶

原來在成長的過程中，有些寶寶是會在某段時間減少吃奶量的，通常發生厭奶的情況會在 3 至 4 個月到 1 至 2 歲間，當中又以 3 至 4 個月與 6 至 7 個月為高峰。容醫生指，寶寶厭奶持續的時間，可從幾個星期到幾個月不等。

當寶寶到了 3 個月大之後，他們大部份都不再像以往般專心吃奶，稍有聽到甚麼聲響，他們就會停下來不肯吸吮。容醫生指，這暫時性的厭奶狀況，一般稱為「生理厭食期」。

病理性厭奶

至於病理性厭奶，就是當寶寶健康出現問題，就會有吃得少、睡不好和欠缺活力等表現。要留意寶寶是否有急性感染如呼吸道感染或急性咽喉炎等，又或是患上慢性疾病，如呼吸道敏感、先天性器官異常等病症出現。若是因病理性厭奶，便要求醫治理。

5 點改善法

容醫生又謂，要處理寶寶厭奶問題，要先分析環境、寶寶本身、媽媽、母乳或奶粉等各種因素，然後逐一解決，改善方法包括：

❶ **改善餵哺方法：**可嘗試少量、多餐的餵哺方法，嘗試掌握寶寶每次想吃奶的時間，千萬別強迫寶寶吃奶，因為這樣只會弄巧成拙。同時，可檢查奶嘴出口的大細是否適合。媽媽可嘗試將奶瓶倒轉，奶是否會從標準口徑的出口呈水滴狀暢順地滴出，過快或過慢都不適宜。

❷ **營造安靜環境：**營造一個安靜、溫度適中的餵奶環境，避免打擾寶寶的進食情緒。

❸ **留意隱疾：**小心留意寶寶是否生病，又或者會否有隱藏性的疾病，如果有任何懷疑，就應馬上向醫生請教。

❹ **添加固體食物：**一般建議寶寶在 6 個月大進食固體食物，媽媽也可提早至 4 個月加入副食品，以補充因厭奶而缺乏的營養。如果寶寶進食理想，還可以在食物種類上加以變化，例如加入紅蘿蔔、青菜、瘦肉等不同顏色的食物，以增加寶寶的食慾。

❺ **逐少量轉換奶粉：**基本上，媽媽不宜經常為寶寶轉換奶粉，也不鼓勵兩溝，否則寶寶會難以適應，有可能出現厭奶情況。如果真的有必要更換，宜每次添加少量，大約半茶匙份量的新奶粉，然後逐日增加新奶粉的比例，讓寶寶慢慢適應。